EXPLICACIONES DE **FRONTERAS INEXPLICABLES**

EXPLICACIONES DE FRONTERAS INEXPLICABLES

Ariel

Obra editada en colaboración con Editorial Planeta - España

Diseño de maqueta: Marc Cubillas
Diseño de portada: Paula Antonella Grossolano

Imágenes de interior: © Shutterstock, © Magnus Manske / Wikimedia, © Cavan Images, © GMPhoto, © Alain Le Garsmeur, © Deadlyphoto, © Kurdishstruggle / Alamy / ACI, © GMPhoto / Alamy / ACI, © Cavan Images / Alamy / ACI, © Kurdishstruggle / Alamy / ACI

Marc Cubillas - fotocomposición

Bajo el sello editorial ARIEL M.R.
Avenida Presidente Masarik núm. 111,
Piso 2, Polanco V Sección, Miguel Hidalgo
C.P. 11560, Ciudad de México
www.planetadelibros.com.mx
www.paidos.com.mx

Primera edición impresa en España: noviembre de 2024
ISBN: 978-84-1100-302-5

Primera edición impresa en México: marzo de 2025
ISBN: 978-607-569-923-3

Impreso en los talleres de Impregráfica Digital, S.A. de C.V.
Av. Coyoacán 100-D, Valle Norte, Benito Juárez
Ciudad De Mexico, C.P. 03103
Impreso en México - *Printed in Mexico*

A los que dibujan y diseñan mapas, por inspirarnos.
A los que buscan que las fronteras unan y no dividan.
A los que nos acompañan siempre.

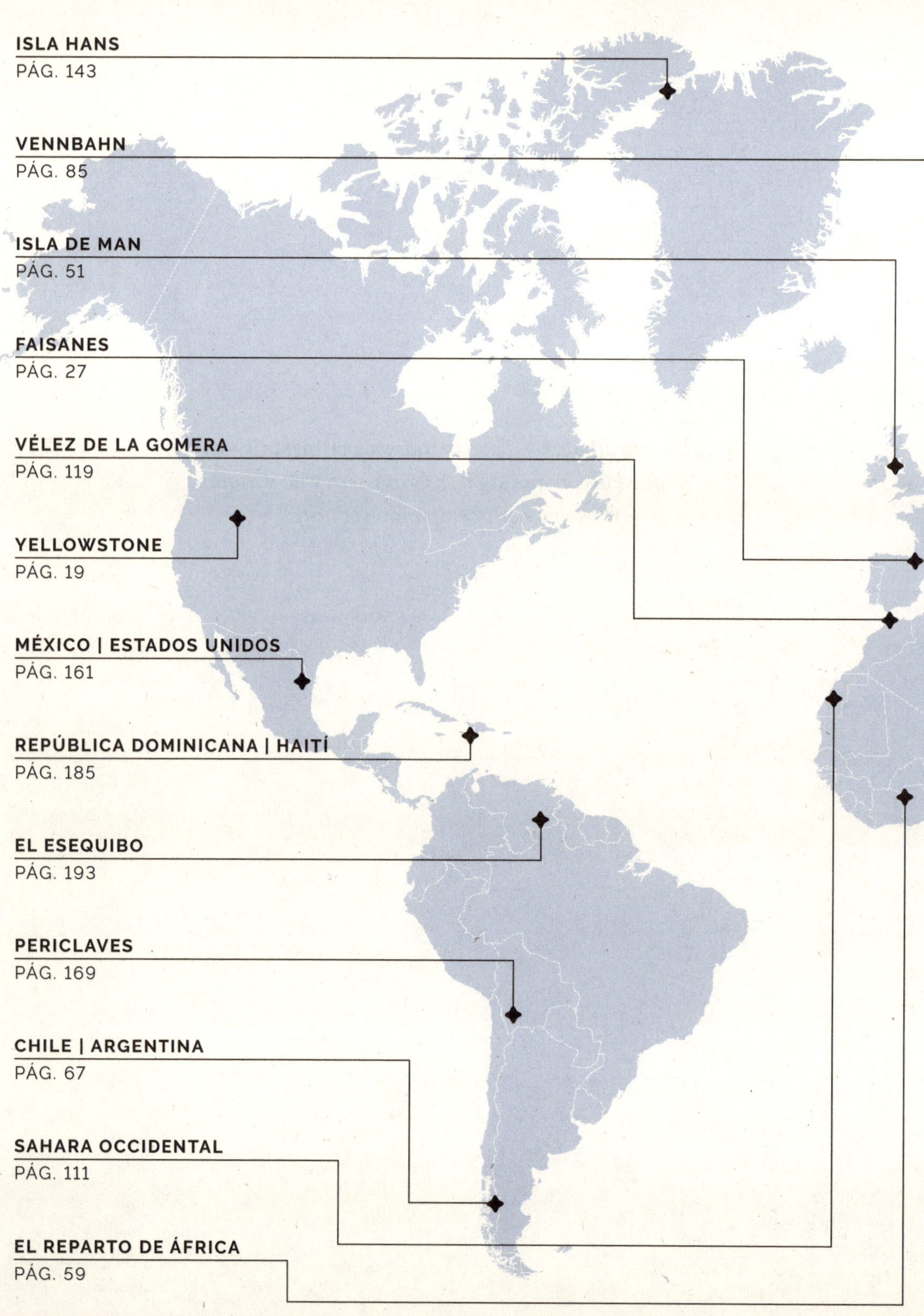
ISLA HANS
PÁG. 143
VENNBAHN
PÁG. 85
ISLA DE MAN
PÁG. 51
FAISANES
PÁG. 27
VÉLEZ DE LA GOMERA
PÁG. 119
YELLOWSTONE
PÁG. 19
MÉXICO | ESTADOS UNIDOS
PÁG. 161
REPÚBLICA DOMINICANA | HAITÍ
PÁG. 185
EL ESEQUIBO
PÁG. 193
PERICLAVES
PÁG. 169
CHILE | ARGENTINA
PÁG. 67
SAHARA OCCIDENTAL
PÁG. 111
EL REPARTO DE ÁFRICA
PÁG. 59

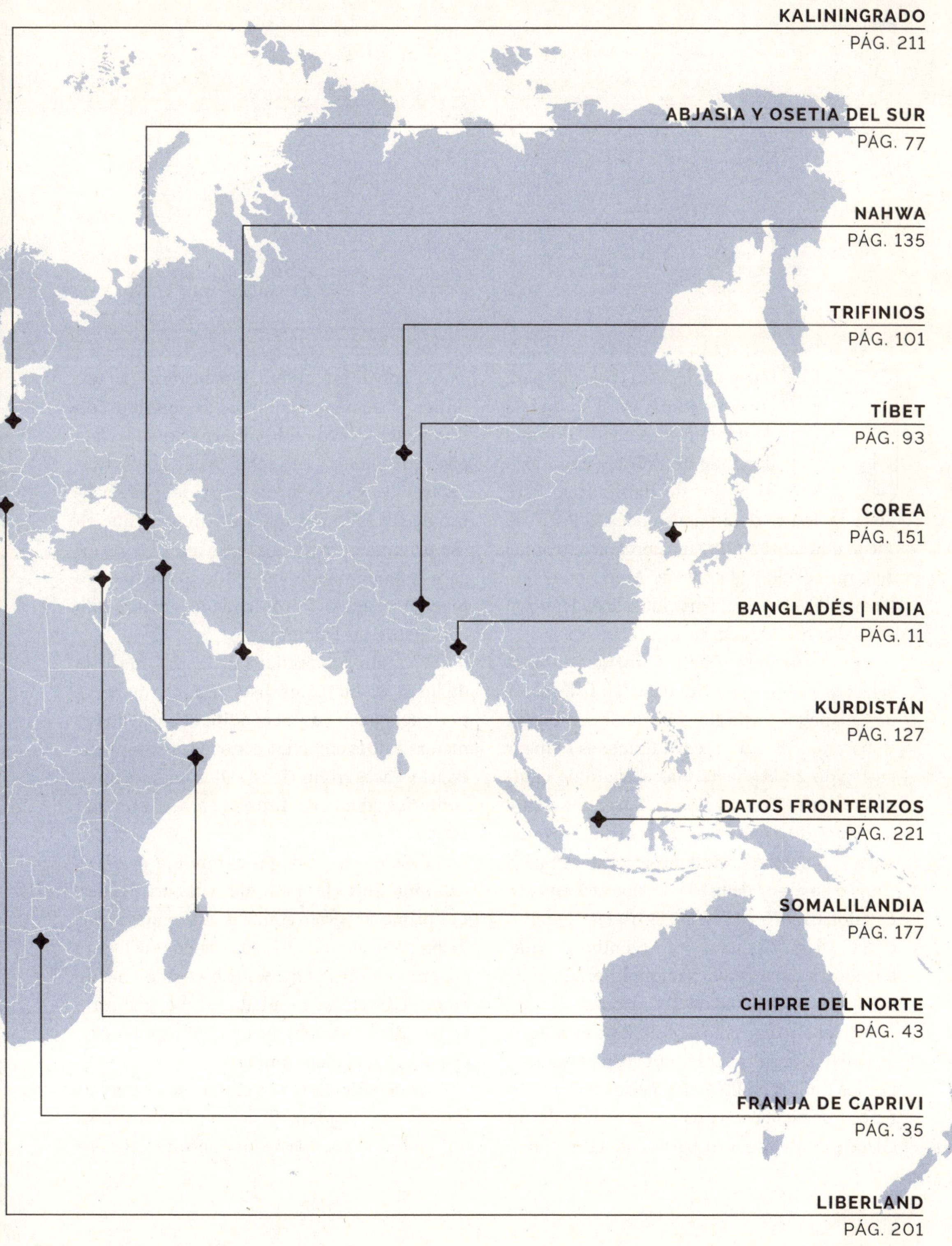

KALININGRADO
PÁG. 211
ABJASIA Y OSETIA DEL SUR
PÁG. 77
NAHWA
PÁG. 135
TRIFINIOS
PÁG. 101
TÍBET
PÁG. 93
COREA
PÁG. 151
BANGLADÉS | INDIA
PÁG. 11
KURDISTÁN
PÁG. 127
DATOS FRONTERIZOS
PÁG. 221
SOMALILANDIA
PÁG. 177
CHIPRE DEL NORTE
PÁG. 43
FRANJA DE CAPRIVI
PÁG. 35
LIBERLAND
PÁG. 201

No hay demasiados motivos para conocer Rimatara. Es una isla de 9 kilómetros cuadrados que depende de Francia y no llega al millar de habitantes. Está ubicada dentro del inmenso océano Pacífico. Tiene una latitud (23° sur) cercana al trópico de Capricornio y al norte de Argentina y una longitud (153° oeste) parecida a la de Hawái o a la del centro de Alaska.

Es cierto que el Pacífico alberga islas más célebres: desde Rapa Nui hasta Honshu; desde Galápagos hasta Bora Bora. Sin embargo, Rimatara ofrece un récord único: es el lugar emergido de la Tierra más alejado de cualquier límite internacional. Se encuentra a más de 7100 kilómetros de las fronteras que separan —o unen— a Indonesia y Papúa Nueva Guinea en el sur de la isla de Nueva Guinea; a Estados Unidos y México, entre las ciudades de San Diego y Tijuana; y a Argentina y Chile, a la altura del Parque Nacional Bernardo de O'Higgins y la ciudad de El Calafate.

En el otro extremo de Rimatara está Baarle, la extraña aglomeración urbana jaqueada por los límites de Bélgica y Países Bajos. Edificios que tienen una parte en cada país, un enclave dentro de otro, bares con mesas a uno y otro lado de la frontera. Una historia que nos indica lo demencial que puede ser vivir con uno y otro y otro límite internacional a cada paso que damos, pero sobre la que no profundizaremos, ya que formó parte del primer libro de Un Mundo Inmenso. Mientras que en esa primera entrega nos detuvimos en los lugares y comunidades más extraños de nuestro planeta, el actual libro tiene un evidente hilo conductor: las fronteras.

La realidad cotidiana de la gran mayoría de los seres humanos dista bastante de la experiencia pacífica y recóndita que ofrece Rimatara o de la compleja e intrincada propia de Baarle. Pasos fronterizos, sellos migratorios y controles aduaneros forman parte del mundo actual.

Existe una división extendida para las fronteras entre las naturales y las artificiales. Las primeras serían aquellas vinculadas al entorno natural. Los Pirineos tienen una ladera española y otra francesa. Lo mismo sucede con el Himalaya: a un lado, China, y al otro, Nepal. El río Bravo tiene un margen en México y otro en Estados Unidos.

Las artificiales, en cambio, son aquellas que se suelen identificar con líneas rectas en medio de un territorio continuo, similar a cada lado del límite. Abundan en África: en medio del desierto del Sahara es imposible saber por el paisaje dónde termina Libia y dónde empieza Egipto. Algo similar ocurre en la península arábiga: tres líneas rectas dividen a Omán de Arabia Saudita. En Oceanía, Indonesia y Papúa Nueva Guinea acordaron que el meridiano 141 este delimitara sus territorios.

No obstante, el espíritu de ambos tipos de fronteras es similar. Si no, ¿por qué un río es un límite y otro no? ¿Por qué hay cordones montañosos que dividen países y otros que están dentro de una sola nación? En el fondo, todas las fronteras son artificiales, construcciones humanas, decisiones de personas que se pusieron de acuerdo en algún momento.

Hoy podemos concebir los países como entes dados, como la forma en la que las personas han decidido agruparse. Los límites precisos que indican dónde comienza uno y termina otro parecen ordenar el planisferio político, donde cada uno tiene un color definido y diferente al de sus limítrofes.

Sin embargo, esto no siempre fue así. La Paz de Westfalia suele establecerse como el hito que marcó el inicio de los Estados nación. Fue una serie de acuerdos firmados por potencias europeas en 1648 que tuvo diversas consecuencias para el equilibrio de poder regional, pero también para el derecho internacional hasta nuestros días. La soberanía estatal sobre un territorio, tal como hoy la entendemos, tiene su germen en ese tratado.

Pero así como la humanidad no siempre se organizó como ahora, tampoco lo hace de manera tan precisa en nuestros días. No siempre es fácil pintar de uno u otro color un territorio en un mapa político. ¿Hasta dónde llega Marruecos? ¿A la altura de las islas Canarias o 700 kilómetros al sur? ¿Hay que colorear la isla de los Faisanes como España o como Francia? ¿Cómo marcamos exactamente qué parte del campo de hielo patagónico sur es Chile o Argentina?

La realidad política y jurídica en la que los seres humanos hoy estamos organizados ofrece fronteras con enormes récords, pero también rendijas por las que se cuelan pequeñas (e increíbles) historias. De la mediática y tensa frontera coreana a la insólita anomalía limítrofe de Yellowstone.

Todas las historias fronterizas que se han explorado en estas páginas tienen dos puntos en común. El primero es que están lejos de Rimatara. Y el segundo es que parecen inexplicables, pero igualmente hemos intentado explicarlas. •

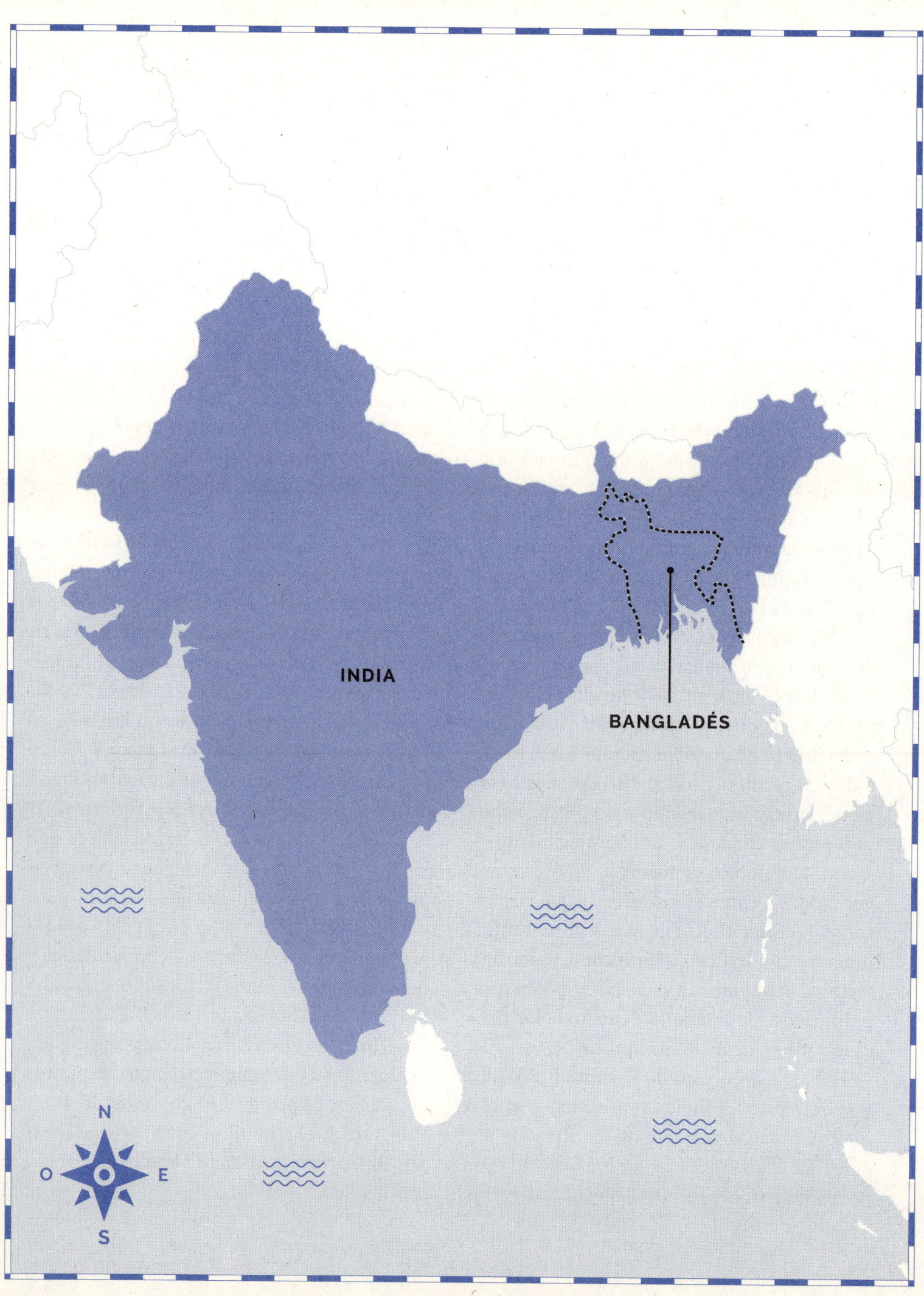
INDIA
BANGLADÉS
N
O
E
S

CAPÍTULO 1

BANGLADÉS-INDIA, EL INFIERNO DE LOS *CHITMAHALS*

India dentro de Bangladés, rodeado por India, enclavado en Bangladés.

Unos 50 000 apátridas olvidados por sus gobiernos.

Un círculo vicioso imposible de romper.

Todos nos hemos enfrentado a dilemas, encrucijadas o situaciones difíciles de resolver. Pero pocas son menos esperables que la decisión que tuvieron que tomar miles de indios y bangladesíes hace algunos años: hogar o nacionalidad.

Quienes eligieron continuar viviendo en el lugar en el que lo hacían, en sus hogares, con los mismos vecinos —si es que también ellos optaron por seguir allí—, no pudieron conservar su nacionalidad. En cambio, quienes privilegiaron mantener el pasaporte tuvieron que mudarse a otra ciudad, a varios kilómetros de distancia.

Este dilema sucedió en 2015, pero se gestó mucho antes. El que separaba India de Bangladés fue, tal vez, el límite internacional más inexplicable desde que existen los Estados nacionales.

De por sí es extraño tomar un mapa y encontrarse con un enclave. Es decir, un territorio de un país rodeado por otro. En este caso eran decenas de pequeñas porciones de territorio completamente aisladas del resto del país, conocidas como *chitmahals*. Pero no solo eran enclaves, sino que también había varios metaenclaves: uno dentro de otro. Y también el único enclave de tercer nivel del que se tiene registro: un enclave dentro de un enclave dentro de un enclave.

Estamos hablando de una frontera que, de por sí, tiene sus particularidades. Si la vemos actualmente también nos llamará la atención, ya que los límites están trazados de forma muy irregular. Esto genera que sean nada menos que 4096 kilómetros de frontera en total entre ambos países.

Solo hay otros cinco límites más extensos en todo el planeta. Son los que dividen Canadá de Estados Unidos, Kazajistán de Rusia, Argentina de Chile, Mongolia de China y China de Rusia. Todos son países bastante más extensos que Bangladés, nación que, además de limitar con India, tiene una pequeña frontera terrestre con Myanmar.

Bangladés, que era una colonia británica hasta hace algunas décadas, tiene varios aspectos llamativos. Con 170 millones de habitantes es el país más densamente poblado del

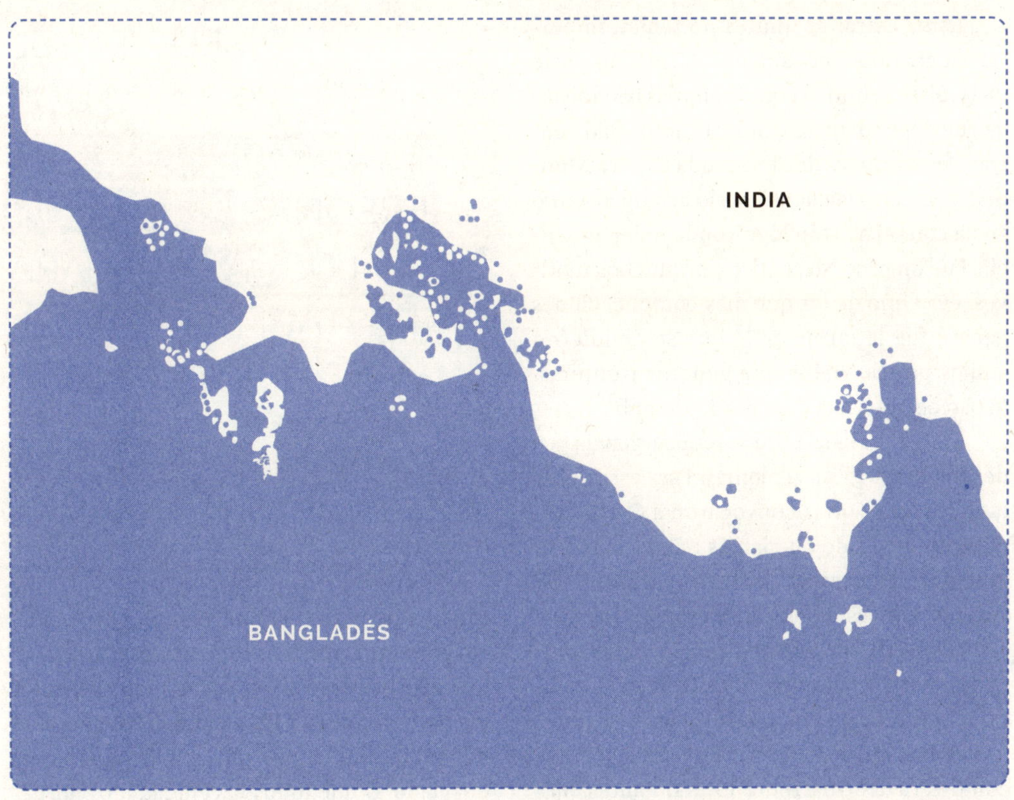

mundo. En rigor no, es el sexto. Pero los cinco Estados nacionales que lo superan en esa marca —Mónaco, Singapur, Baréin, Maldivas y Malta— son muy pequeños y no llegan a los 1000 kilómetros cuadrados de extensión. Así que corrijamos: es el país más densamente poblado del mundo entre los que tienen por lo menos 100 000 hectáreas.

Y no, no podemos pasar por alto la confusión que se genera con su gentilicio. Es bangladesí, aunque a veces se confunda con bengalí. Los bengalíes son los naturales de Bangladés o de Bengala Occidental, que es uno de los Estados que conforma el país vecino de India. Entonces, todos los bangladesíes son bengalíes, pero no todos los bengalíes son bangladesíes. Algunos son indios.

La cuestión es que tanto bangladesíes como indios vivieron durante mucho tiempo con unos límites que no parecían tener demasiado sentido. El origen no es muy claro. Se cree que se remonta a 1713, por un acuerdo entre el Reino de Cooch Behar y el Imperio mogol. Algunas historias señalan que apostaban las parcelas de tierra en partidas de ajedrez. Pero, aunque nos encantaría creerla ciegamente, no podemos fiarnos del todo de esta versión.

Estos extraños límites no tenían importancia cuando ambos países formaban parte de la misma entidad como colonias británicas, ya que dependían de la misma autoridad central. Pero después de la Segunda Guerra Mundial, y con la caída del Imperio británico, tanto India como Pakistán lograron la independencia. Fue un proceso caótico por muchos motivos. Pero uno de los que más complicaciones generó fue la forma en la que se dividieron ambos países. Había que generar fronteras. Y, parece, no había demasiado tiempo.

En 1947 el Reino Unido tenía urgencia por desprenderse de sus colonias. Para establecer las líneas divisorias convocaron a Cyril Radcliffe, un abogado que jamás había estado en la región. Tuvo cinco semanas para hacer el trabajo y los resultados no fueron los ideales.

Había distintas posturas en aquel momento para establecer los criterios de los límites que tendrían los nuevos países. Algunos pretendían que fuese una gran federación que contuviera dentro a todos los habitantes, más allá de las etnias. Sin embargo, se optó por la creación de dos Estados distintos: por un lado, hindúes; por el otro, musulmanes. De este modo nacieron dos nuevos países en la comunidad internacional: India y Pakistán. Aquella India tenía una fisonomía similar a la actual, pero Pakistán estaba dividido en dos partes. Eran dos grandes regiones del mismo país, una occidental y otra oriental, separadas por casi 1500 kilómetros.

Pero no hubo una gran conformidad con la división realizada. La línea Radcliffe, tal como se conoce, dejó descontentos por todo el subcontinente. Tal es así que se calcula que 12 millones de personas cruzaron los límites impuestos para restablecerse del otro lado. Imaginemos por un momento esa locura limítrofe. Es como si, en pocas semanas, todos los costarricenses y los nicaragüenses optaran por intercambiar sus países e instalarse del otro lado. O que todos los ciudadanos noruegos y finlandeses hicieran lo mismo.

FUE TAL EL DESCONTENTO QUE 12 MILLONES DE PERSONAS CRUZARON LOS LÍMITES PARA RESTABLECERSE DEL OTRO LADO.

Fue tal el descalabro que los problemas persisten hasta nuestros días. India y Pakistán son países que rivalizan y que tienen una frontera caliente, con el valle de Cachemira como punto de conflicto más vivo.

La división tampoco dejó contentos a los pakistaníes puertas adentro. Existían diferencias políticas y la parte oriental se sentía perjudicada. Las protestas se sucedieron y en 1971, finalmente, nació un nuevo país: Bangladés. En resumen, lo que era Pakistán Occidental se transformó en la República Islámica de Pakistán y lo que era Pakistán Oriental se convirtió en la República Popular de Bangladés.

En la guerra de liberación de Bangladés fue clave el apoyo que brindó India. Sin embargo, estos dos países, aliados hasta hacía unos minutos, tenían un temita que resolver: los *chitmahals*.

La situación era insólita. En India había 71 enclaves de Bangladés. A su vez, había otros 7 metaenclaves indios dentro. Del otro lado había 102 enclaves indios rodeados por la porción principal de territorio de Bangladés, y dentro de esos lugares había otros 21 metaenclaves bangladesíes. Y en uno de esos lugares nos encontramos con un nuevo enclave indio: Dahala Khagrabari es el único enclave de tercer orden que haya existido y del que se tenga registro.

Para tener un parámetro de la locura que se vivía podemos imaginar lo siguiente. Si nos encontrábamos en Dahala Khagrabari y caminábamos solo un kilómetro hacia el noroeste, íbamos a atravesar tres fronteras en solo unos minutos. De India pasábamos a Bangladés, volvíamos a India y, de nuevo, ingresábamos en Bangladés.

Pero no era tan simple para los residentes, que vivían en una situación caótica. Quienes nacían dentro de los *chitmahals* no tenían ningún servicio público. No había electricidad, hospitales ni escuelas. Ni siquiera poseían documentación que acreditara sus identidades. Claro, no podían cruzar legalmente la frontera porque no tenían documentos, y no podían tramitar los documentos porque para hacerlo debían cruzar la frontera. Era un círculo vicioso que no parecía tener solución para los más de 50 000 habitantes de estos enclaves. En la práctica eran apátridas y vivían olvidados y encerrados.

En 1974 se firmó un acuerdo entre Indira Gandhi, en ese entonces primera ministra de India, y Sheikh Mujibur Rahman, su par de Bangladés. La idea era simplificar los límites y que desaparecieran los enclaves. Sin embargo, pasaron varios años y el acuerdo no se implementó. Las mayores resistencias estaban en India, ya que si se intercambiaban los territorios, el país perdería 40 kilómetros cuadrados.

Hubo que esperar hasta 2015 para que se pusiera fin a esta locura fronteriza. Ese año se intercambiaron los enclaves de primer orden. Los de segundo orden permanecieron bajo la misma soberanía, aunque ya no los encerraba el país vecino. ¿Y el de tercer orden? Dahala Khagrabari también cambió: pasó de ser tierra india a bangladesí.

Solamente hubo un enclave que no cambió de manos: Dahagram-Angarpota, de Bangladés, el más poblado de todos. Unos años antes del acuerdo ya se había explorado una solución. India había cedido mediante un arrendamiento el corredor de Tin Bigha, una franja de 85 metros de ancho para que los residentes pudieran acceder al resto de su país.

La decisión administrativa de poner fin a los enclaves produjo consecuencias en los 50 000 residentes de la zona. Todos tuvieron la oportunidad de elegir entre dos opciones. Sí, el dilema planteado al principio: se podían

quedar donde estaban y cambiar de nacionalidad o podían mudarse y mantenerla.

La gran mayoría de las personas optó por conservar su hogar. De los 37 000 residentes en enclaves indios, solo 979 quisieron mantener su nacionalidad. Para hacerlo tuvieron que mudarse unos kilómetros al oeste, al estado de Bengala Occidental. Por otro lado, ninguno de los 14 000 que vivían en enclaves bangladesíes eligió conservar su nacionalidad, por lo que se convirtieron legalmente en indios.

Las previsiones de las autoridades indicaban que mucha más gente tendría intenciones de conservar su bandera. Sin embargo, esto no fue así, y la enorme mayoría la cambió. Según una investigación posterior del académico Azmeary Ferdoush hay tres posibles causas. La primera es que, poco después de la división de 1947, muchos residentes de los enclaves aprovecharon e intercambiaron tierras para establecerse en los lugares elegidos. Además, durante los siguientes años desarrollaron un profundo sentimiento de pertenencia hacia el país que los rodeaba, al que debían recurrir constantemente. En cambio, habían vivido desconectados de sus países de origen. En tercer lugar, cuando se simplificaron los enclaves ya habían pasado varias décadas y la mayoría de los residentes eran de segunda o tercera generación, por lo que no tenían demasiado vínculo con el Estado de origen.

De esta forma, podemos imaginar casos algo llamativos. Alguien que nació en uno de estos lugares en 1947 lo hizo en una colonia, el Raj británico. Con el tiempo, sin moverse de su hogar, se convirtió en pakistaní, luego en bangladesí y finalmente en indio. Todo en el transcurso de 68 años.

Unos límites internacionales intrincados, difíciles de explicar y heredados de una situación colonial. Pero que, después de unas décadas, se simplificaron gracias a un acuerdo pacífico. Y que enfrentaron a miles de personas a un dilema, por lo menos, inesperado: optar entre su hogar o su nacionalidad. ●

QUIENES NACÍAN DENTRO DE LOS *CHITMAHALS* NO PODÍAN CRUZAR LA FRONTERA PORQUE NO TENÍAN DOCUMENTOS, Y NO PODÍAN TRAMITAR LOS DOCUMENTOS PORQUE PARA HACERLO DEBÍAN CRUZAR LA FRONTERA.

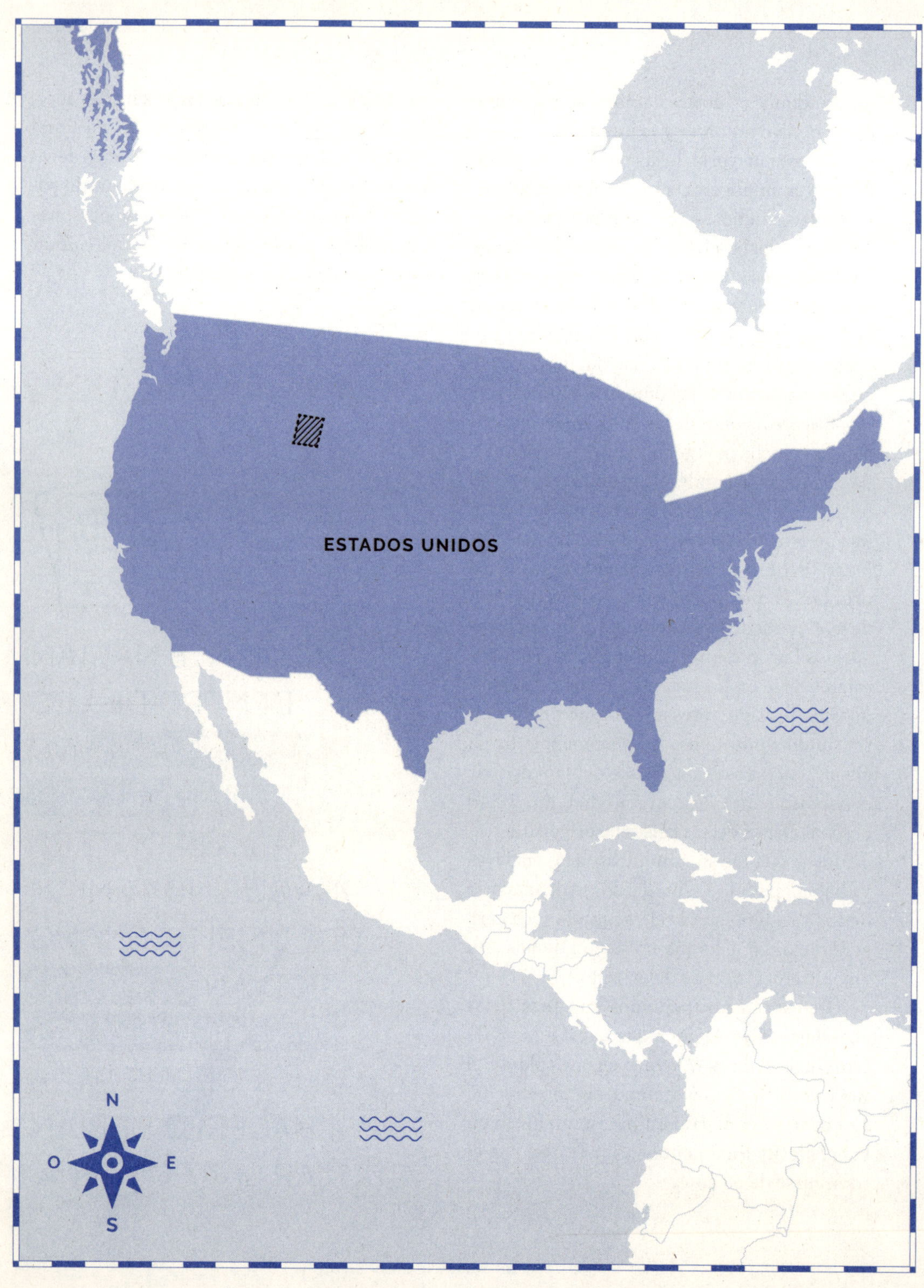
ESTADOS UNIDOS
N
O
E
S

CAPÍTULO 2

YELLOWSTONE, EL LUGAR IDEAL PARA EL CRIMEN PERFECTO

Un lugar emblemático para el turismo, pero que esconde un vacío legal insólito.

Montañas, géiseres, fuentes termales, cañones y una fauna única.

Un extenso territorio estadounidense en el que no se podrían aplicar penas.

Es difícil imaginar la literatura sin el aporte del relato policial. Autores muy prestigiosos han construido su carrera con base en historias de intrigas, asesinatos e incógnitas. Pensemos en el criminal, en ese que, al final del relato, identificamos como el culpable del caso: ¿y si, a pesar de este descubrimiento, resultara impune por haber cometido sus crímenes en un lugar liberado de las leyes penales? No le haría falta huir ni esconderse. Aunque se comprobara que fue él, no podría ser encarcelado. Ni siquiera juzgado.

Lo fascinante es que un lugar de este tipo existe. Para colmo, funciona como un gran imán para turistas. Con solo decir Yellowstone muchos se figurarán el parque nacional, que recibe millones de visitantes cada año. Lo que no saben es que, en un rincón del parque, se esconde un secreto aterrador. Un vacío legal que abre la puerta a casi cualquier cosa.

Yellowstone nos invita a explorarlo desde la óptica de la geografía de Estados Unidos, país al que pertenece, tanto desde la perspectiva demográfica como desde la física. Respecto a lo primero, Yellowstone se encuentra lejos de las zonas más pobladas del país. Está a 1000 kilómetros de la costa del Pacífico y a 3000 de la del Atlántico. La ciudad más cercana que supera el millón de habitantes es Phoenix, que está 1200 kilómetros al sur. El parque nacional está dividido entre tres estados: Wyoming, Idaho y Montana. De los cincuenta estados del país, estos tres se encuentran entre los siete menos densamente poblados.

Son unos 842 000 kilómetros cuadrados entre los tres estados; es decir, un territorio más grande que el de Turquía, que llega a 783 000. Pero mientras que el país euroasiático alberga a más de 85 millones de personas, los tres estados del centro del país solo tienen 3,5 millones de residentes en conjunto.

En cuanto a la parte física, Yellowstone está en el corazón de las Montañas Rocosas. Es la gran cordillera de América del Norte —perdón, Apalaches—: se extiende desde el estado de Columbia Británica, en el oeste de Canadá, hasta Colorado, en el centro de Estados Unidos. Son unos 3000 kilómetros de norte a sur y la elevación máxima son los 4401 me-

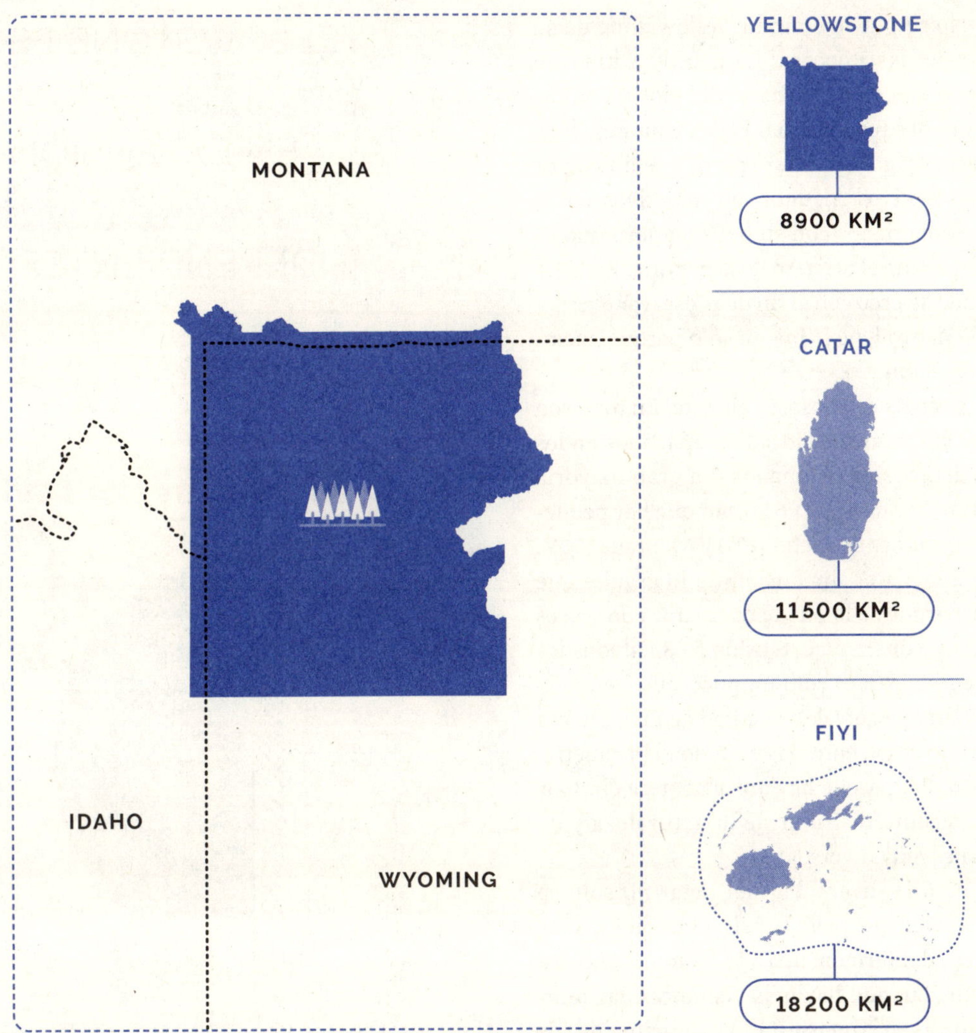

tros del monte Elbert. Sin embargo, las Rocosas son parte de algo mucho más grande, la cordillera Americana, que se extiende desde Alaska, en el noroeste del continente, hasta la Isla Grande de Tierra del Fuego, en el sur. Una sucesión de sistemas montañosos que reciben distintos nombres —Sierra Madre, Andes— pero que conforman una unidad que se extiende en sentido longitudinal en el oeste del continente. Y hasta podríamos ir más allá: la cordillera Americana excede incluso el continente del que recibe el nombre. Después del pasaje de Drake emerge en el sur: la península Antártica es su continuación.

No se puede escindir Yellowstone de su entorno, las Rocosas. La geología hizo un trabajo único en esta parte del globo: conforman el parque nacional lagos, cañones, ríos, volcanes y géiseres. Este parque es único por varios motivos. Algunos son subjetivos, como los relacionados con su belleza, pero uno es objetivo: fue el primero de la historia. En 1872, cuando se creó con el fin de preservar el escenario natural, no había un solo parque nacional en el mundo.

Además de añoso, es gigante. En total son 8900 kilómetros cuadrados repartidos en los tres estados mencionados. La gran mayoría está en Wyoming (el 96 %), aunque hay pequeñas porciones en Idaho (1 %) y Montana (3 %). Para tener una dimensión de lo grande que es el parque se lo puede comparar con países enteros: supera en extensión a 33 Estados independientes; es solo un poco más pequeño que Catar y equivale a la mitad de Fiyi. Cuenta con solo cinco entradas en todo el perímetro. Dentro del parque hay una carretera circular que permite disfrutar de la naturaleza y de paisajes muy diversos.

Pero la diversidad del lugar no solo se expresa en sus paisajes, sino también en las marcas del termómetro a lo largo del año. En verano, cuando hay más visitantes, las temperaturas máximas están por encima de los 20 grados de promedio y suele haber días soleados. No obstante, en invierno la nieve cubre todo el territorio y obliga a muchos animales a hibernar. En enero la temperatura mínima promedio es de 18 grados bajo cero.

Hay dos cuestiones que suelen provocar terror en Yellowstone: terremotos y volcanes. En cuanto a los primeros, son algo recurrentes: cada año hay unos 2000 terremotos en el parque. La gran mayoría son muy leves e imperceptibles para quienes pasean. Además, existe un monitoreo constante para evitar cualquier catástrofe.

YELLOWSTONE ES GIGANTE: SUPERA EN EXTENSIÓN A 33 ESTADOS INDEPENDIENTES.

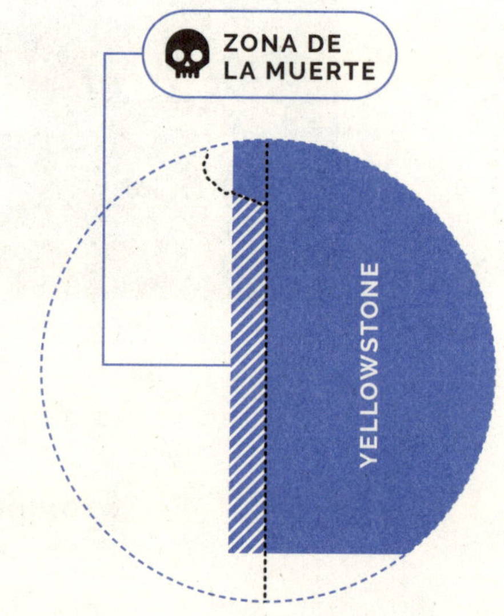

Lo mismo sucede con el supervolcán sobre el que se asienta el parque. La caldera de Yellowstone mide alrededor de 72 kilómetros de un lado y 55 del otro. En los últimos dos millones de años ha tenido tres enormes erupciones. Si volviera a suceder, las consecuencias serían devastadoras para la humanidad. Igualmente, nada indica que vaya a pasar a medio plazo. Tranquilidad, la previsión es total.

La Gran Fuente Prismática es uno de los lugares más llamativos y que atrae a más turistas. Es un lago de aguas termales que tiene unos 90 metros de diámetro y en el que pueden verse distintos colores: del azul con el que percibimos el centro de la fuente pasamos a diferentes tonos de verde, amarillo y rojo en la orilla. La responsable es una bacteria que crece en los márgenes del lago.

El lago Yellowstone es otro lugar emblemático. Está a 2376 metros de altura, por lo que es el más alto de América del Norte. Otro de los escenarios preferidos de los turistas es el Gran Cañón. Cuenta con miradores y senderos que permiten acercarse y observar estos lugares.

Pero, sin duda, el espacio más famoso de todo el parque es el Old Faithful, uno de los géiseres más conocidos del mundo. Cuenta con erupciones de agua y vapor que se producen cada hora y media y son relativamente predecibles, así que los visitantes suelen agruparse cuando saben que ocurrirá una.

Sin embargo, no es el único. De hecho, en Yellowstone hay unos 10 000 géiseres y fuentes hidrotermales, la mitad de los que existen en todo el mundo. Esto genera otra situación interesante. Existen grupos de turistas que no se contentan con Old Faithful, el más conocido y previsible de todos, sino que buscan explorar otros géiseres menos famosos. Para ello hacen sus propios cálculos sobre cuándo podrían erupcionar. Y tienen paciencia: acampan durante horas y días frente al lugar.

10 000 GÉISERES

2376 m s. n. m.

Lago Yellowstone, el más alto de América del Norte.

COMO NO HAY NINGUNA PERSONA QUE VIVA ALLÍ, NO SE PODRÍA FORMAR JAMÁS UN JURADO PARA UN CRIMEN QUE SE COMETA EN ESTE LUGAR.

Además de los paisajes, en el parque habita una fauna increíble. Osos negros, grises, bisontes, alces, pumas, linces, ciervos, antílopes, coyotes y lobos componen el ecosistema del lugar. Además, se encuentran en su hábitat natural, por lo que hay que tomar precauciones. De hecho, es necesario utilizar repelente para osos para protegerse de los posibles ataques.

Sí, todas estas cuestiones parecen suficientes para tentar a cualquier viajero a adentrarse en la enorme reserva. Sin embargo, hay una cuestión que puede resultar desalentadora. En un rincón del parque existe una sección llamada Zona de la Muerte, una suerte de vacío legal en el que, se supone, no podría aplicarse del todo la ley. Cometer un asesinato y no recibir pena es posible en este lugar, según han advertido varios especialistas.

La cuestión es la siguiente: todo el parque de Yellowstone se encuentra bajo jurisdicción federal. Es decir, los delitos que se puedan cometer allí no recaen en la justicia ordinaria del estado —Wyoming, Idaho o Montana, en este caso—, sino que pertenecen a la órbita federal. Por eso debería recurrirse a los juzgados federales más cercanos, que son los que están en Cheyenne, la capital de Wyoming. Incluso los crímenes que se cometen en las porciones de territorio de Yellowstone que pertenecen a Montana o a Idaho deben ser juzgados en Wyoming.

Hasta ahí puede resultar una anomalía, una de las particularidades propias del derecho procesal, pero no parece demasiado grave. El tema es que la Sexta Enmienda a la Constitución de Estados Unidos prevé cómo se debe constituir el jurado para el juicio. El texto constitucional explicita que "el acusado gozará del derecho de ser juzgado por un jurado imparcial del estado y distrito en que el delito se haya cometido".

Imaginemos que se comete un crimen en la sección del parque nacional que está dentro de Idaho. Para juzgar al acusado debería encontrarse un jurado que cumpla con dos condiciones de residencia. Por un lado, debe vivir en la jurisdicción de Wyoming, que abarca todo el estado y también las porciones de Yellowstone que están en Idaho y Montana. Pero, al mismo tiempo, tiene que residir en el distrito del estado en el que se cometió el crimen. Es decir, Idaho. Solo nos queda una franja de territorio disponible: los 129 kilómetros cuadrados de Yellowstone que están en Idaho.

El tema es qué pasa cuando vamos al territorio. Se trata de una zona agreste en la que no hay caminos. Pero, sobre todo, no hay asentamientos ni población. Y si no hay ninguna persona que viva allí, entonces no se podrá formar jamás un jurado para un crimen que se lleve a cabo en este lugar, tal como marcan las leyes procesales. En la sección del parque

La Gran Fuente Prismática, uno de los atractivos del parque nacional.

que está en Montana la situación es parecida, pero no igual, ya que hay unos pocos residentes. Ellos sí cumplirían las condiciones para ser jurado en un eventual juicio.

Este vacío legal fue expuesto por el académico Brian Kalt en un ensayo de 2005. El autor esperaba que las autoridades modificaran la legislación para que no persistiera este riesgo. Existen algunas posibles soluciones. Por ejemplo, el tribunal de Wyoming podría ceder sus funciones a Montana y a Idaho, lo que resolvería la cuestión. Pero esto, por ahora, no ha sucedido.

Igualmente, existen algunos posibles argumentos que se podrían exponer en un eventual juicio, aunque ninguno resulta muy satisfactorio. Se podría plantear que el crimen se ideó en otro estado, por lo que caería en esa jurisdicción. También se podría imputar por delitos menos graves, que prevén una sentencia inferior a seis meses. De esta forma no sería necesaria la composición de un jurado.

De la misma manera, el criminal imputado podría no ser juzgado penalmente, pero sí debería afrontar su responsabilidad civil por lo que hizo. Es decir, la familia perjudicada podría iniciar una acción judicial que busque reparar el daño.

Esta rareza, por suerte, nunca se ha tenido que poner a prueba en la práctica, por lo menos hasta la redacción de este libro. Sin embargo, sí ha inspirado algunas producciones, como una novela del autor C. J. Box titulada *Free Fire*. También se realizó un falso documental en 2016, llamado *Population Zero*, en el que una persona confiesa haber matado a otras tres en la Zona de la Muerte. Pero, a pesar de haber confesado, no puede ser juzgada.

Sí, para el criminal de un relato policial de ficción parece invaluable encontrarse con un lugar así, en el que pueda quedar impune a pesar de haber dejado huellas. A los lectores podría, en principio, parecernos un poco aburrido: sabremos quién es el asesino desde el comienzo. Sin embargo, para los escritores puede ser una oportunidad: cuando parece que el caso se resuelve, la trama puede dar un giro. Ese asesino reconocido no huye ni se escapa, y descansa en la impunidad que le otorga un extraño vacío legal.

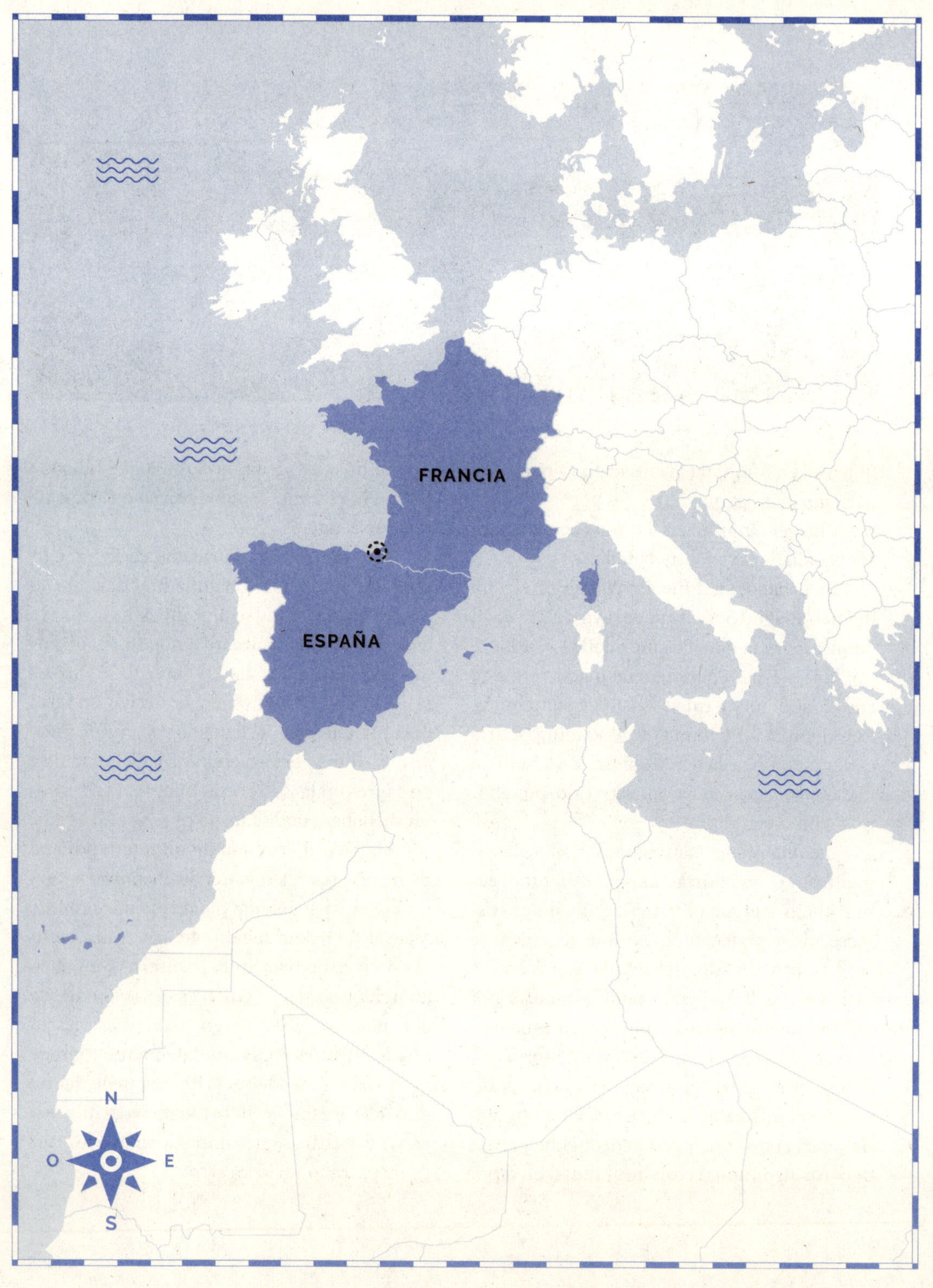
FRANCIA
ESPAÑA
N
O
E
S

CAPÍTULO 3

FAISANES, LA ISLA QUE CAMBIA DE PAÍS CADA SEIS MESES

Una línea fronteriza que se mueve dos veces al año.

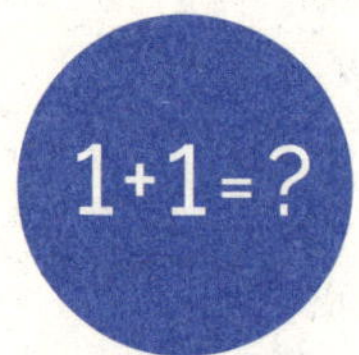

Uno más uno puede ser más que dos.

El calendario nos dice en qué país estamos.

La naturaleza de este libro es hija de su propia época. El rol de las fronteras y de los límites nacionales y subnacionales no se termina de comprender si prescindimos del contexto histórico. En cualquier otra etapa de la historia la geografía política nos podría haber brindado curiosidades y anomalías, pero seguramente habrían sido otras. Desde las modélicas polis griegas hasta los gigantescos imperios posteriores han convivido en el planeta formas de organización muy distintas.

En nuestros días, en la tercera década del siglo 21, nos puede dar la impresión de que los Estados nación son como las montañas: algo dado, que siempre ha estado allí y que siempre estará.

Pero esto no es así. La construcción de la situación actual, en la que los Estados nacionales —o plurinacionales— son los protagonistas de la organización territorial en la Tierra, comenzó hace unos pocos siglos y se terminó de consolidar en el siglo 20, con los procesos de descolonización que atravesaron decenas de países de Asia y África.

Hoy vemos un globo terráqueo con los países sombreados con diferentes colores, con líneas precisas que marcan hasta dónde se extiende un país y comienza otro, y nos puede parecer que es así. (La importancia de las organizaciones supranacionales es innegable, pero no se aprecia en ese contacto inicial con el mapa político).

Por eso nos llama tanto la atención cuando algo se escapa de ese molde. Cuando aparece una línea punteada porque hay un territorio en disputa, como en el Sahara Occidental; cuando hay una tierra que no es de nadie y que nadie reivindica, como Liberland; cuando directamente no hay línea porque no se ha definido cuál es la frontera, como sucede cerca de El Chaltén.

La isla de los Faisanes también esquiva esa regularidad. ¿Pertenece a España o a Francia? A ambas. Sí: un territorio que es de dos países. Que conforma una monarquía pero al mismo tiempo una república; que tiene su capital en Madrid pero también en París; que... los ejemplos podrían seguir hasta el infinito, no hace falta continuar.

Los Pirineos protagonizan buena parte de la frontera entre estos dos países. Este sistema montañoso comienza en la costa del Mediterráneo, alcanza los 3404 metros en el pico Aneto y pierde altura poco a poco hacia el oeste. Pero no todo el límite internacional entre España y Francia está determinado por los Pirineos. En la sección occidental es el río Bidasoa el que tiene un margen en cada país.

Dentro de ese río se ubica Faisanes, un islote dueño de una historia increíble. Seis meses al año pertenece a España y los otros seis es parte de Francia. Cada primero de febrero España asume la administración y cada primero de agosto se la devuelve a Francia.

¿Dimensiones? Es bastante pequeño. Tiene 215 metros de largo y 28 de ancho. Es decir, una superficie comparable a la de un campo de fútbol, solo que es el doble de larga y menos de la mitad de ancha. Se extiende en sentido latitudinal, de la misma forma en la que lo hace el río a esa altura.

En el lado español de la frontera encontramos la ciudad de Irún, en la provincia vasca de Guipúzcoa. En el lado francés podemos ver Hendaya. Solo unos cientos de metros nos separan de la desembocadura del Bidasoa en el mar Cantábrico.

Nadie vive en Faisanes y en teoría no se puede llegar por tierra, ya que ningún puente conecta la isla con el resto del territorio. No obstante, si la marea está baja y mojarnos un poco no implica un problema, podremos cruzar a pie.

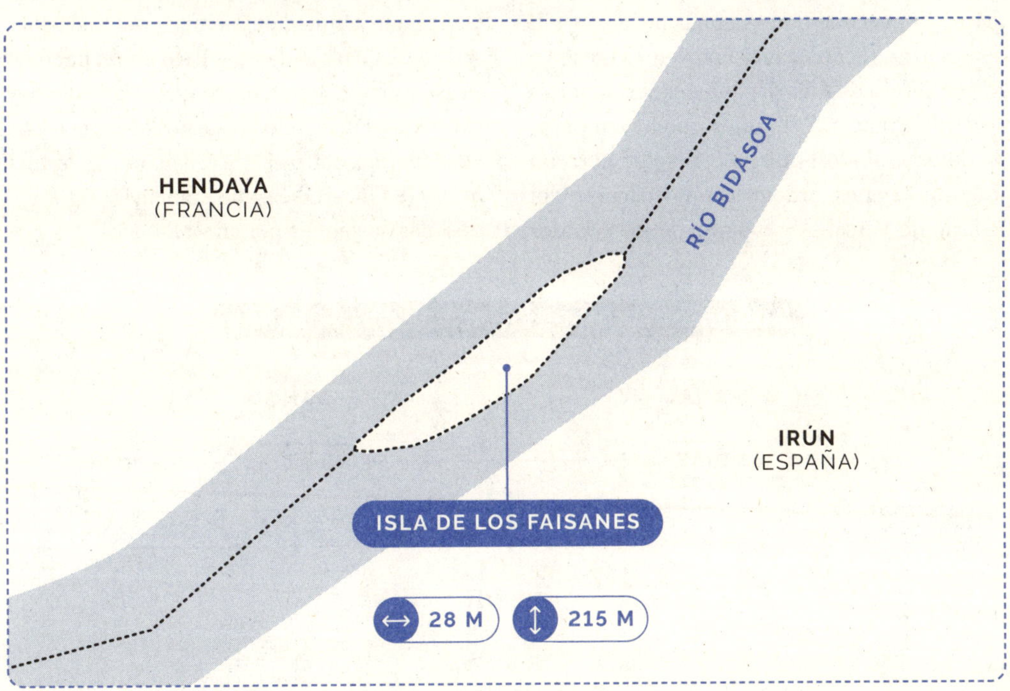

Para comprender cómo se llegó a esta situación tenemos que rebobinar hasta el siglo 17. La guerra de los Treinta Años (1618-1648) fue una de las más relevantes que vivió el continente europeo. El análisis de sus consecuencias excede mucho los objetivos de este libro. Sin embargo, sí hay un punto en el que vale la pena enfocarse: el Tratado de los Pirineos.

Este fue uno de los acuerdos que puso fin al conflicto bélico. Lo firmaron los representantes de Francia y España y determinó las líneas para la frontera compartida. El lugar en el que se negoció y firmó el tratado es fácil de imaginar: sí, la isla de los Faisanes.

En ese momento se instaló un puente provisorio a cada lado del río y los representantes españoles y franceses celebraron los acuerdos en 1659, tal como indica la placa que se puede ver en la actualidad. Además de la paz, allí ambos países acordaron la boda entre Luis 14 y María Teresa de Austria, quienes serían luego reyes de Francia. Y no unos que hayan pasado desapercibidos: Luis 14 estuvo en el trono durante 72 años, ordenó la construcción del Palacio de Versalles y fue uno de los grandes símbolos del absolutismo. María Teresa no lo acompañó en todo el período, ya que falleció en 1683.

Después del acuerdo general celebrado en el islote, siguieron unos doscientos años de negociaciones sobre las demarcaciones precisas de las fronteras. Hasta 1856 no se acordó la delimitación, con el Tratado de Bayona. Por la importancia histórica que había tenido la isla de los Faisanes se pactó que se convirtiera en un condominio, es decir, que ambos países ejercieran la soberanía sobre el lugar. Sin embargo, no se especificó de qué manera se implementaría.

En 1901 se llegó a la situación actual, en la que dos veces al año se intercambia la soberanía del lugar. Entre febrero y julio es española y entre agosto y enero es francesa. De esta forma, parece que la mitad del tiempo es de cada país: seis meses para cada uno. Pero en realidad no es así. Entre el 1 de febrero y el 31 de julio hay 181 días, y en los años bisiestos se llega a 182. Sin embargo, entre el 1 de agosto y el 31 de enero hay 184 días. O sea, que Francia le saca dos o tres días de ventaja por año a España.

ADMINISTRACIÓN DE LA ISLA DE LOS FAISANES

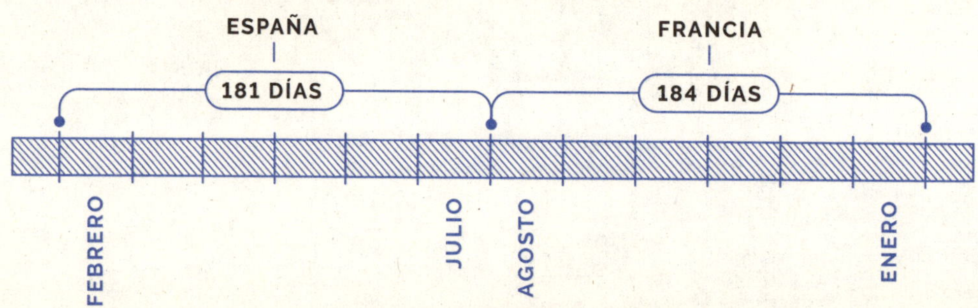

Desde 1901 hasta la actualidad Francia ha administrado la isla durante 338 días más que España. Para compensar, España podría reclamar casi un año de administración y luego continuar desde cero. No obstante, es posible que los gobernantes tengan otras prioridades de las que ocuparse.

Aquellos que deseen visitar esta curiosidad histórica deben saber que hay poco que ver en la isla más allá de la placa que recuerda el tratado de paz. No, tampoco hay faisanes —un ave de la familia de los gallos— y no está del todo claro el porqué del nombre.

Dada esta situación, si alguien pregunta cuál es la superficie de España, ¿sería posible responder "depende de la época del año"? Estamos tentados a decir que sí, aunque en rigor puede que no sea del todo correcto: tanto Francia como España tienen la soberanía compartida y cada seis meses simplemente transfieren la administración del lugar.

Esto nos puede conducir a una posible paradoja matemática: la superficie de España y Francia es menor que la suma de la superficie de España y la superficie de Francia. En el primer caso, contamos toda la extensión que abarcan ambos países. En el segundo, la suma del territorio español y el territorio francés. Pero como ambos países cuentan la isla de los Faisanes, ese islote estará duplicado, por lo que tendremos un excedente de 6820 metros cuadrados.

¿Ha habido más casos de condominios? Sí. Algunos en el pasado, pero hay otros que subsisten hasta nuestros días.

Históricamente destaca el que existió entre Gran Bretaña y Francia: Nuevas Hébridas. Se extendió desde 1906 hasta 1980, cuando concluyó para dar paso a la independencia de la República de Vanuatu. Esta herencia se conserva en la actualidad, ya que tanto el inglés como el francés son lenguas oficiales en el país.

EN LA ISLA SE FIRMÓ EL TRATADO DE LOS PIRINEOS, QUE SELLÓ LA PAZ DESPUÉS DE LA GUERRA DE LOS TREINTA AÑOS.

El islote, entre las tierras de Francia y España.

En el norte de África hubo otro condominio, en este caso ejercido por nueve países. Se trata de la actual ciudad de Tánger, que fue un protectorado entre 1923 y 1956. En esa época la administraban Bélgica, España, Estados Unidos, Francia, Países Bajos, Portugal, el Reino Unido, la Unión Soviética e Italia. Luego se incorporó a Marruecos.

Podemos considerar, de facto, la Antártida como un condominio, ya que decenas de países tienen presencia allí, tal como estipula el Tratado Antártico. Sin embargo, en rigor, ninguno ejerce soberanía.

Pero no hace falta acudir a los libros de historia para hallar otros condominios. En Centroamérica encontramos el golfo de Fonseca, en el océano Pacífico. El Salvador, Honduras y Nicaragua tienen los mismos derechos sobre la zona después de que la Corte Internacional de Justicia resolviera el conflicto territorial entre los tres países.

Abyei, en África, es un caso similar. ¿Pertenece a Sudán o a Sudán del Sur? A ambos. Se trata de un ejemplo más novedoso, ya que no existía de esta forma antes de 2011, año de la independencia de Sudán del Sur, el país más joven del mundo. Es un condominio extenso: con 10 500 kilómetros cuadrados, tiene una superficie similar a Puerto Rico o a Catar. Equivale también a un millón y medio de islas de los Faisanes.

En Europa hay otro caso extraño. No es un condominio internacional, sino subnacional. Bosnia y Herzegovina está formada por dos grandes entidades: la República Srpska y la Federación de Bosnia y Herzegovina. A estas se suma el distrito de Brčko, que pertenece a ambas; es más, impide que las dos entidades tengan parte de sus territorios enclavados.

Los condominios, en definitiva, son la otra cara de los *terra nullius*. En vez de territorios que no reclama ningún país, son lugares donde más de uno ejerce la soberanía. Sin embargo, en el fondo impactan en el mismo fenómeno: a pesar de que el globo terráqueo los presente como grandes protagonistas, los Estados nacionales no dominan exacta y precisamente cada rincón del planeta. •

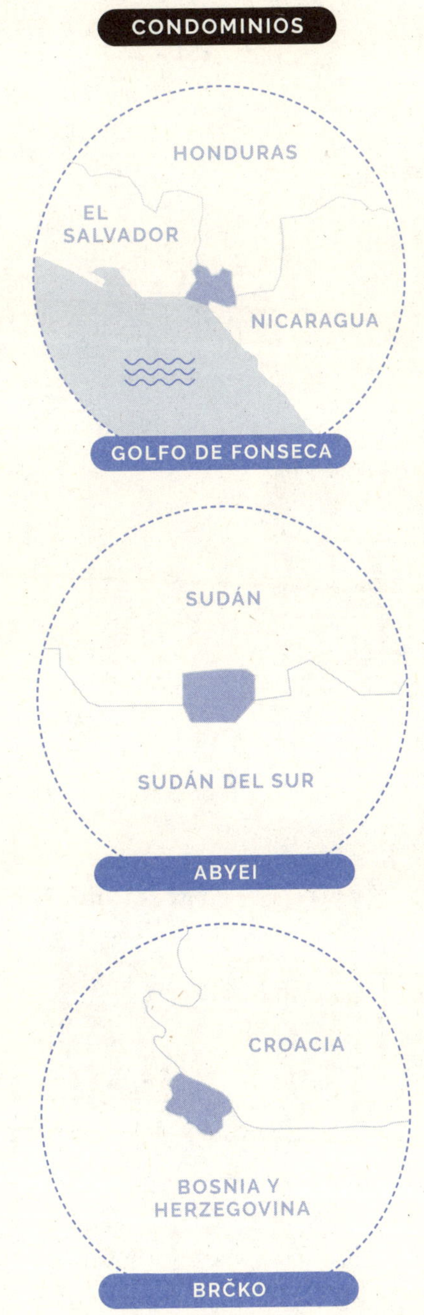

NAMIBIA
N
O
E
S

CAPÍTULO 4

FRANJA DE CAPRIVI, EL SALIENTE MÁS EXAGERADO DEL MUNDO

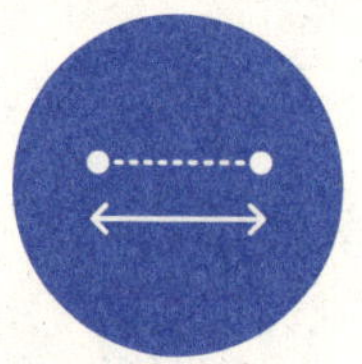

La frontera entre dos países más corta de todo el mundo.

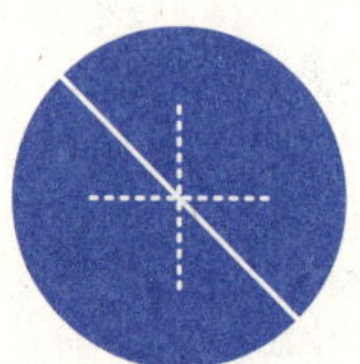

Cuatrifinio internacional, la curiosidad que no existe.

Un extraño cálculo en la época colonial con consecuencias actuales.

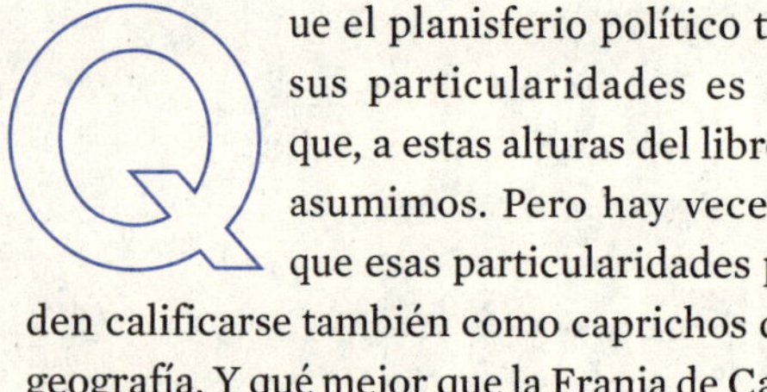

Que el planisferio político tiene sus particularidades es algo que, a estas alturas del libro, ya asumimos. Pero hay veces en que esas particularidades pueden calificarse también como caprichos de la geografía. Y qué mejor que la Franja de Caprivi para ejemplificarlo.

Al mirar un mapa del sur de África algo podrá captar nuestra atención. Namibia tiene frontera con cuatro países: Angola, Zambia, Botsuana y Sudáfrica. A pesar de que parece que lo intenta con toda su voluntad, por muy poco no llega a limitar con Zimbabue. Lo que deja a ambos países muy cerca es la llamada Franja de Caprivi, un territorio de 450 kilómetros de largo y alrededor de 30 de ancho.

Tan llamativo es este saliente que nos regaló uno de los mejores memes relacionados con la geografía, que tomó como plantilla la famosa pintura *La creación de Adán*, de Miguel Ángel. Adán y Dios, ambos con los brazos extendidos y a punto de tocarse, son en este caso reemplazados por Namibia y Zimbabue. Sí, también la geografía puede ser fuente de humor.

> CON 150 METROS, ES UNA FRONTERA RÉCORD: NO HAY NINGUNA MÁS CORTA EN TODO EL PLANETA QUE SEPARE DOS ESTADOS INDEPENDIENTES.

La cuestión es que, al extenderse el territorio namibio de esta forma, a simple vista parece que se forma un cuatrifinio internacional; es decir, un punto exacto en el que confluyen cuatro países. Sin embargo, si visualizamos de cerca la zona veremos que en realidad hay dos triples fronteras separadas por solo 150 metros. Por un lado, Zambia, Botsuana y Namibia. Por el otro, Zambia, Botsuana y Zimbabue.

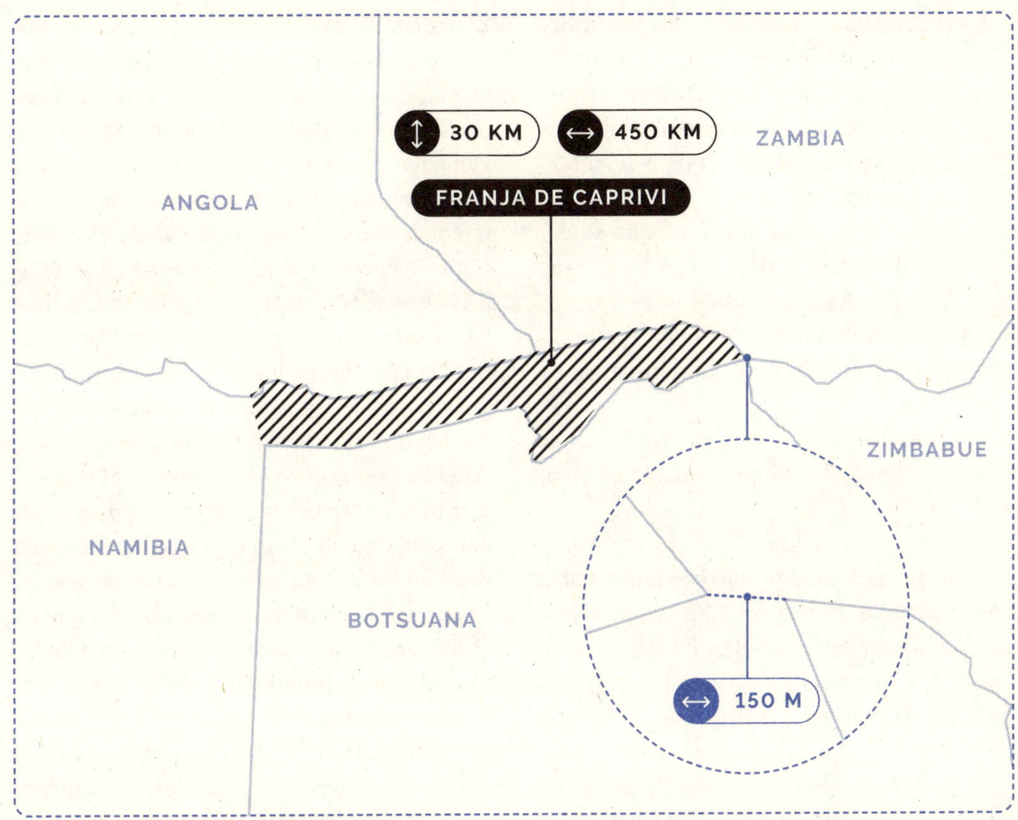

Es decir, Zambia y Botsuana comparten un límite que, por su extensión, podríamos caminar en poco más de un minuto. En rigor es algo complicado, ya que se ubica sobre el río, así que la mejor opción es navegarlo.

De cualquier modo, es una frontera récord: no hay ninguna más corta en todo el planeta que separe a dos Estados independientes. ¿Cuáles le siguen? La que divide a España del Reino Unido, en Gibraltar: son 1200 metros. El tercer lugar es para una más nueva, que data de 2022: los casi 1300 metros que separan Canadá de Dinamarca en la isla Hans.

Así las cosas, no hay en todo el planeta un solo cuatrifinio internacional y Caprivi parece el lugar del globo más cercano a esa posibilidad. Otro sitio que podría tener un hito fronterizo múltiple es la Antártida. Si mágicamente los reclamos se convirtieran en territorios soberanos, podríamos tener un punto, el polo sur, en el que convergieran siete países distintos.

En el ámbito subnacional sí existen varios cuatrifinios. De hecho, cinco de los siete países más extensos de América cuentan con cuatrifinios entre sus entidades locales. De norte a sur:

- en Canadá se ubica entre dos territorios (Nunavut y Noroeste) y dos provincias (Saskatchewan y Manitoba);
- en Estados Unidos, donde confluyen los estados de Colorado, Utah, Nuevo México y Arizona;
- en México, en el punto en que se encuentran Coahuila, Nuevo León, San Luis Potosí y Zacatecas;
- en Colombia, entre los departamentos de Boyacá, Casanare, Cundinamarca y Meta;
- y en Argentina, entre las provincias de La Pampa, Río Negro, Mendoza y Neuquén.

En el pasado se especuló con que sí había una cuádruple frontera en Caprivi, pero hoy todo indica que no es así. Los límites heredados de la época colonial no siempre han sido muy claros, y mucho menos consistentes o coherentes.

La colonización europea de África, a finales del siglo 19, fue una demencia fronteriza tal que mereció un capítulo aparte. Aquí solo recordaremos una apostilla, un extraño cálculo del entonces Imperio alemán. Los germanos conquistaron varios países, entre los que estaba el actual territorio namibio en la costa atlántica, pero también contaban con partes de los actuales Tanzania y Mozambique en el lado oriental, sobre el Índico.

Al quedarse con ambos territorios, los alemanes tuvieron la intención de unir por vía marítima las colonias del este y del oeste. Para lograrlo propusieron un acuerdo a los británicos, y finalmente llegaron a un entendimiento: en 1890 se firmó el Tratado de Heligoland-Zanzíbar. En este pacto los alemanes renunciaron a sus intenciones en la isla de Zanzíbar, en el Índico, famosa por ser la tierra en la que nació Freddie Mercury. A cambio recibieron Heligoland, una isla europea ubicada en el mar del Norte, a 70 kilómetros de la costa. Y, claro, también asumieron el control de la Franja de Caprivi. Recibió ese nombre por Leo von Caprivi, canciller alemán en aquel entonces, que había sucedido a Otto von Bismarck en 1890.

De esta forma, los alemanes adquirieron el extenso y angosto territorio que les permitía llegar al río Zambeze y, de este modo, estar conectados por vía fluvial con el este del continente. Pero el encanto duró poco. Rápidamente descubrieron algo que muchos —en especial los británicos— ya sabían: ese río no es navegable en todo su recorrido, ya que en él se forman las cataratas Victoria, una de las cascadas más imponentes del planeta. Los alemanes negociaron para lograr una franja de 450 kilómetros que les permitiera llegar al río. La obtuvieron, pero se dieron cuenta de que solo 65 kilómetros al este se encontraban las cataratas, que hacían innavegable el cauce.

De cualquier modo, esas fronteras se mantuvieron durante la época colonial y existen hasta nuestros días. Con la independencia de Namibia se consolidó este perímetro, que no deja de llamarnos la atención. En inglés se denomina *panhandle*, algo así como el mango de la sartén. En castellano se suele utilizar el término «saliente». Geográficamente podría ser similar a una península, pero en vez de estar rodeado de agua se encuentra jaqueado por territorios de otros Estados. Caprivi es el más llamativo, aunque no es el único que hay en el planeta.

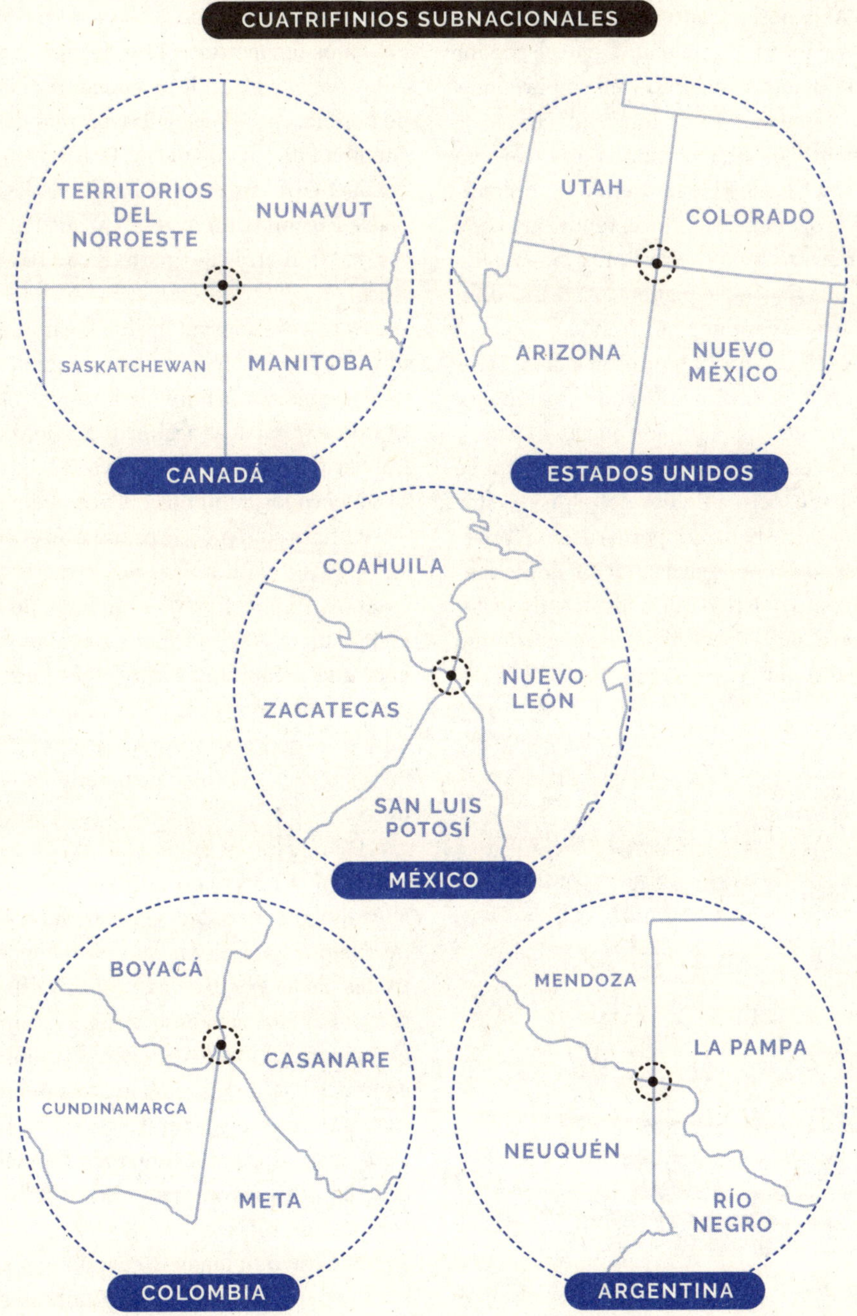
CUATRIFINIOS SUBNACIONALES
TERRITORIOS DEL NOROESTE
NUNAVUT
SASKATCHEWAN
MANITOBA
CANADÁ
UTAH
COLORADO
ARIZONA
NUEVO MÉXICO
ESTADOS UNIDOS
COAHUILA
ZACATECAS
NUEVO LEÓN
SAN LUIS POTOSÍ
MÉXICO
BOYACÁ
CASANARE
CUNDINAMARCA
META
COLOMBIA
MENDOZA
LA PAMPA
NEUQUÉN
RÍO NEGRO
ARGENTINA

En Asia nos encontramos con el corredor de Wiaján, en Afganistán. Tiene alrededor de 220 kilómetros de largo y en su parte más estrecha tiene solo 16 de longitud. Gracias a este saliente los afganos tienen una frontera directa con China. El lugar tiene su propio récord: si cruzamos ese límite, tendremos que ajustar nuestros relojes tres horas y media. En ningún otro rincón del planeta existe una diferencia horaria contigua tan grande.

La explicación hay que buscarla, también, en la época colonial y en los británicos. El corredor de Wiaján impide que Tayikistán y Pakistán sean limítrofes. Hoy esto no parece ser relevante, pero a finales del siglo 19 estos países conformaban el Imperio ruso y el británico, respectivamente. La creación del saliente tuvo como objetivo que esos dos imperios, rivales en aquella época, tuvieran una frontera caliente en común.

GEOGRÁFICAMENTE UN SALIENTE PODRÍA SER SIMILAR A UNA PENÍNSULA, PERO EN VEZ DE ESTAR RODEADO DE AGUA SE ENCUENTRA JAQUEADO POR TERRITORIOS DE OTROS ESTADOS.

¿Más ejemplos de salientes? En Colombia podemos señalar dos: el sur del departamento del Amazonas, donde se encuentra la ciudad de Leticia, entre Perú y Brasil, y el saliente de Guainía, rodeado de tierras brasileñas y venezolanas. Otro caso en Sudamérica es la provincia de Misiones, en Argentina, que tiene cientos de kilómetros de frontera con Paraguay y Brasil.

Pero volvamos a Caprivi, lugar que en los últimos años tiene un turismo incipiente. La ciudad más importante de la zona es Katima Mulilo, capital de la región de Zambezi. Hasta 2013 la división administrativa se llamaba Caprivi, pero los namibios quisieron dejar atrás ese vestigio colonial y le cambiaron el nombre.

Cerca de allí hay varios atractivos interesantes, como el Parque Nacional de Chobe, en Botsuana. Allí podremos apreciar una gran cantidad de animales muy especiales, como elefantes, cebras, búfalos, antílopes e hipopótamos. La otra opción, claro, es ir a las cataratas Victoria y disfrutar de un entorno natural único.

De regreso al inicio, que exista o no una cuádruple frontera no se queda en una simple anécdota o curiosidad, sino que ha tenido repercusiones prácticas. Las delimitaciones entre los países obedecen a criterios diferentes. Como hay dos ríos en la zona, el Zambeze y el Cuando, los límites pueden ser cambiantes, como sucede en muchos lugares del mundo. El tema es que, en general, esto no suele generar demasiados inconvenientes, pero al haber cuatro partes involucradas la cuestión puede ser más compleja.

Esto tuvo su impacto cuando se planeó un puente para atravesar el río Zambeze que co-

El puente, con un extraño trazado para evitar a Zimbabue.

nectara Zambia con Botsuana por tierra. ¿Tienen o no estos dos países una frontera directa? A priori sí. Pero si no la tienen, o si es muy exigua, el puente pasaría por territorios de los otros dos Estados involucrados.

Uno de esos Estados se quejó. El gobierno zimbabuense impidió el trazado original con el argumento de que pasaba por tierras propias. Entonces Botsuana y Zambia buscaron una alternativa: modificaron la forma del puente para asegurarse de que no pasara por Zimbabue. Lo hace por tierras zambianas y botsuanas o, a lo sumo, por namibias, país que sí dio el visto bueno para la construcción. Con una imagen cenital se puede ver la llamativa curva del puente para esquivar Zimbabue.

Después de varios años de construcción, en mayo de 2021 se inauguró el puente de Kazungula, que tiene casi 1 kilómetro de extensión y por el que pueden circular peatones y automóviles. Se espera que se incorpore también una vía férrea en el futuro. Esta obra produjo una gran transformación en la zona y dio un espaldarazo al comercio y al turismo, ya que no es necesario un ferri para cruzar el Zambeze.

En definitiva, los ingenieros tuvieron que adaptar el diseño del puente por decisiones que políticos extranjeros tomaron hace más de un siglo. Puede ser una curiosidad fronteriza, sí, pero también se asemeja a un capricho.

REPÚBLICA TURCA DEL NORTE DE CHIPRE
REPÚBLICA DE CHIPRE
N
O
E
S

CAPÍTULO 5

CHIPRE DEL NORTE, LA FRONTERA INVISIBLE

Un paraíso turístico abandonado hace cincuenta años.

Un vestigio colonial británico en una zona neurálgica del mapa.

El conflicto congelado sin soluciones a la vista.

Hay varios países en el mundo que tienen en su nombre una referencia a un punto cardinal. Sudán del Sur, Macedonia del Norte, Timor Oriental y hasta la República Oriental del Uruguay son algunos ejemplos. Otro puede ser Tonga, que significa "sur". Si ampliamos el criterio a formas coloquiales, además de las oficiales, podríamos sumar otros dos países de Asia Oriental con referencias cardinales: Corea del Norte es, en rigor, la República Popular Democrática de Corea y el nombre oficial de Corea del Sur es República de Corea.

Si nos vamos al este del mar Mediterráneo encontraremos la isla de Chipre, ubicada al sur de Turquía y al oeste de Siria, en donde viven 1 200 000 personas. Muchos pueden pensar que toda la isla se corresponde con la República de Chipre, país que forma parte de la Unión Europea y que tiene la silueta de la isla en su bandera. Sin embargo, en la práctica controla menos de dos tercios de la isla. En la parte septentrional se asienta la República Turca del Norte de Chipre, también conocida como Chipre del Norte. Sí, otro país que tiene un punto cardinal como referencia en su nombre.

El único país que reconoce a Chipre del Norte es Turquía, que, además, cumple un papel clave en su defensa y en su economía. Para el resto de la comunidad internacional, Chipre (la República de) es la legítima poseedora del territorio. Pero, en la práctica, la parte norte tiene un gobierno propio e incluso controla los 160 kilómetros de frontera que atraviesan la isla. Tanto es así que revisa y sella pasaportes en los puestos fronterizos ubicados en siete puntos de la isla. Las autoridades del sur, en cambio, no lo hacen, ya que reivindican todo el territorio como propio. Por eso no pueden reconocer la línea como una frontera internacional, ya que consideran que tanto al norte como al sur las tierras son propias, a pesar de que, de hecho, no ejerzan soberanía en toda la isla.

Para comprender cómo se llegó a esta situación es útil retroceder algunas décadas. Chipre se independizó del Reino Unido en 1960. A partir de entonces la situación no fue idílica, sino que se produjeron conflictos internos entre los chipriotas vinculados culturalmente a Grecia y los que se identificaban con Turquía. Los grecochipriotas eran entre cuatro y cinco veces más que los turcochipriotas.

Por aquellos años unos pretendían la anexión a Grecia y otros que se constituyeran dos Estados separados. En los acuerdos alcanzados con la independencia se desecharon ambas posibilidades. En cambio, se estipuló que habría un solo Estado y que Grecia, Turquía y el Reino Unido oficiarían de garantes para que eso sucediera.

Sin embargo, la tensión continuó durante los años siguientes y los conflictos con raíces culturales no mermaron. En 1974 la dictadura griega dio un golpe de Estado, lo que amenazaba a la comunidad turca de la isla. Por eso intervino militarmente Turquía, que envió tropas y ocupó la parte norte. Tras unas semanas de enfrentamientos se produjo el alto al fuego y las fronteras quedaron como están hoy; es decir, con el control de un tercio de la isla en manos de la República Turca de Chipre del Norte y casi todo lo demás para la República de Chipre, Estado que goza de reconocimiento internacional. En el medio existe una franja libre administrada por las Naciones Unidas. Se conoce como Línea Verde y tiene una amplitud que va desde unos pocos metros hasta 5 kilómetros, según la zona. Es un área desmilitarizada que está en manos del organismo internacional y que busca colaborar en la situación de paz.

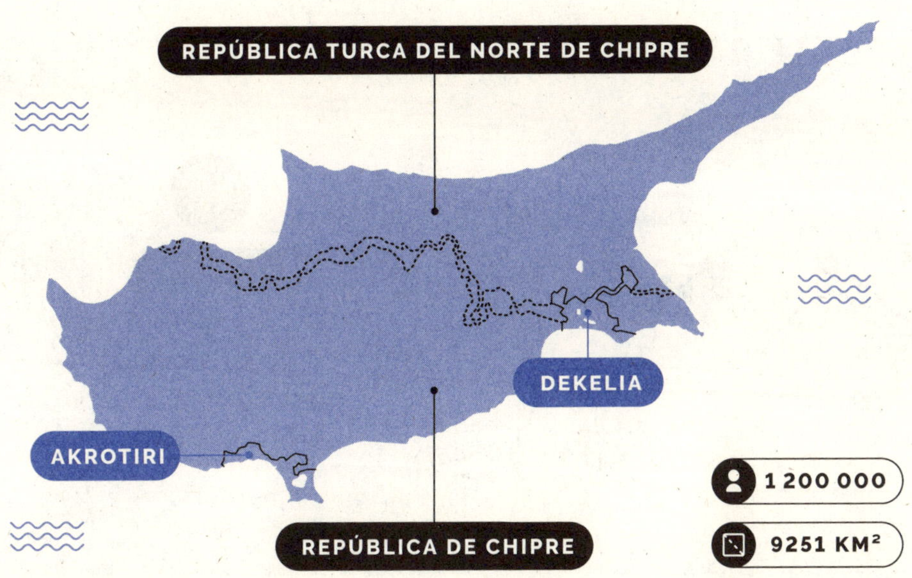

Volviendo a la cronología, en 1983 se declaró la independencia de la República Turca de Chipre del Norte. Sin embargo, como hemos visto, casi nadie la reconoce, lo que genera una gran dependencia y los problemas propios de este tipo de situaciones *limbáticas* (o límbicas, habría que inventar o dar nuevo significado a una palabra), como las de Abjasia o la República Saharaui. No llegan vuelos internacionales, sino que pasan por Turquía, país que, además, provee agua y ayuda económica para la población. De hecho, existe un moderno aeropuerto en Ercan, en el lado norte, que fue remodelado en 2023 y solo recibe vuelos internacionales comerciales procedentes de Turquía.

Pero los problemas no terminan aquí. La división en la isla incluye un límite que la atraviesa de este a oeste y que pasa justo por el medio de Nicosia, la capital del país. Como una Berlín del siglo 21, se trata de la única capital dividida del planeta. En la parte sur, los grecochipriotas, y en la norte, los turcochipriotas. Desde que estalló el conflicto, durante varias décadas casi no hubo conexión entre ambas partes. No fue hasta 2003 que se abrieron los primeros cruces, que permitieron a los ciudadanos moverse por los dos sectores de la isla.

Uno de los casos más extraños es Varosha, una ciudad ubicada en la costa oriental, al norte de la Línea Verde. Cuenta con un encanto natural único gracias a sus playas. De hecho, en la década de 1970 se había convertido en uno de los destinos favoritos del Mediterráneo para turistas y varias celebridades de la época la elegían para sus vacaciones.

Sin embargo, todo cambió a partir del avance turco en el territorio. Los habitantes grecochipriotas huyeron al sur y dejaron sus hogares, con la esperanza de poder regresar rápidamente cuando terminara la ocupación. No obstante, esto nunca sucedió.

Las fuerzas turcas vallaron la ciudad y no permitieron que nadie ingresara en ella, ni siquiera los propios ciudadanos de Chipre del Norte. Esta medida se reforzó en 1984, cuando el Consejo de Seguridad de las Naciones Unidas determinó que no podía haber asentamientos en Varosha que no fuesen de los habitantes originales. Pero los que vivían allí huyeron hacia el sur, por lo que la ciudad quedó jaqueada en una situación algo paradójica. Está controlada por el gobierno del norte, que no la puede poblar, y los antiguos habitantes no pueden acceder a sus propiedades y viviendas.

Sin presencia humana en décadas, la naturaleza comenzó a ganar protagonismo. La vegetación emergió de lugares impensados. Las dunas avanzaron y, con ellas, las tortugas marinas. Dentro de los hogares todo quedó tal como estaba hace medio siglo. En las calles de Varosha se pueden ver concesionarios de automóviles con modelos kilómetro cero de 1974.

Lo que no se podía ver en las calles eran personas, por lo menos hasta hace un tiempo. En 2020, el gobierno de Chipre del Norte, apoyado por Turquía, decidió abrir parcialmente la ciudad. No vive gente, pero sí se puede visitar. Grupos de turistas recorren algunas de las calles habilitadas, lo que se vende como un paseo por una ciudad fantasma. Incluso se preparó un pequeño sector de la costa para que los visitantes puedan disfrutar de la playa.

Los habitantes del sur se tomaron esta apertura parcial de Varosha como una provocación. También una parte de la comunidad internacional, ya que entiende que esconde un posible intento de repoblar el lugar, lo que consideran inadmisible.

SIN PRESENCIA HUMANA EN DÉCADAS, EN VAROSHA LA NATURALEZA COMENZÓ A GANAR PROTAGONISMO. LA VEGETACIÓN EMERGIÓ DE LUGARES IMPENSADOS.

Varosha es uno de los grandes símbolos de las consecuencias de la guerra y de la división. En las sucesivas negociaciones para encontrar una solución se presentó como moneda de intercambio, pero nunca se llegó a un acuerdo.

Hubo algunos acercamientos relevantes. Uno fue el plan elaborado por Kofi Annan, ex secretario general de Naciones Unidas. En 2004 propuso una solución al conflicto que debía aprobarse mediante dos referéndums. Los turcochipriotas dieron el visto bueno, pero los del sur lo rechazaron, ya que consideraron que los perjudicaba.

António Guterres, actual número uno de ese organismo, impulsó otro acercamiento. En 2021 se reunió con los presidentes del sur y del norte, pero tampoco se logró ningún avance, ya que ninguna de las dos partes cedió en sus posiciones.

El objetivo de las conversaciones es tratar de poner fin a esta extraña frontera. Algunos se vuelcan por la unificación, con griegos y turcos en un solo Estado federado y en paz. Otros prefieren que haya dos países, pero ambos con reconocimiento internacional. En ese caso, el paso siguiente podría ser la anexión de cada uno a Grecia o a Turquía, por los estrechos vínculos que los unen.

Por el momento no hay perspectivas de una solución a este conflicto territorial. Hoy parece congelado, con la comunidad internacional atenta a otros problemas más urgentes. Actualmente hay 35 000 soldados turcos que brindan seguridad a Chipre del Norte. A pesar de la tensión, la parte positiva es que no se han registrado enfrentamientos en décadas.

Sin embargo, en la isla hay otras dos fronteras que son todavía más extrañas. Porque no solo la República de Chipre y Chipre del Norte dominan el territorio: hay dos bases militares, llamadas Akrotiri y Dekelia, que son territorio soberano del Reino Unido. Suman el 3 % del total de la isla y albergan a 18 000 personas. Además de la parte militar, también hay civiles y propiedades en manos privadas. A diferencia de otras colonias que permanecen hasta nuestros días, quienes viven allí no pueden elegir a sus autoridades locales, aunque sí se les permite votar en las elecciones del Reino Unido.

Como en otras ocasiones, que el país británico conserve estos territorios es un vestigio de otra época. En este caso logró quedarse con estas bases en medio de las negociaciones por la independencia de Chipre. De esta forma, ejerce un control efectivo en una zona neurálgica del planeta, en el este del mar Medi-

NO SOLO LA REPÚBLICA DE CHIPRE Y CHIPRE DEL NORTE DOMINAN LA ISLA. HAY DOS BASES MILITARES, LLAMADAS AKROTIRI Y DEKELIA, QUE SON TERRITORIO SOBERANO DEL REINO UNIDO.

Varosha y los vestigios de lo que fue un gran centro turístico.

terráneo. La ubicación es privilegiada para los objetivos estratégicos: Chipre está a solo 100 kilómetros de Medio Oriente, a 70 de Turquía y a 370 del canal de Suez.

Así que cuando pensemos en los límites terrestres del Reino Unido tal vez sea fácil que nos olvidemos alguno. El más obvio es la República de Irlanda, que comparte isla con Irlanda del Norte. Pero el Reino Unido también limita con España en Gibraltar. Y, como podemos observar, con la República de Chipre, gracias a sus bases soberanas. Pero podría haber un cuarto país, Chipre del Norte, si lograra la independencia, ya que Dekelia tiene líneas divisorias con las partes norte y sur de la isla.

De cualquier modo, si vemos un planisferio en el que la isla de Chipre aparece unificada bajo el nombre de República de Chipre, debemos saber que, en la práctica, hay una frontera que la divide. Una línea que puede ser invisible en el mapa, pero que existe y genera situaciones extrañas. Como una ciudad fantasma, controles de pasaportes en solo un sentido y un aeropuerto desperdiciado. También supone que tengamos, aunque sea con un reconocimiento mínimo, otro país con un punto cardinal en su nombre. ●

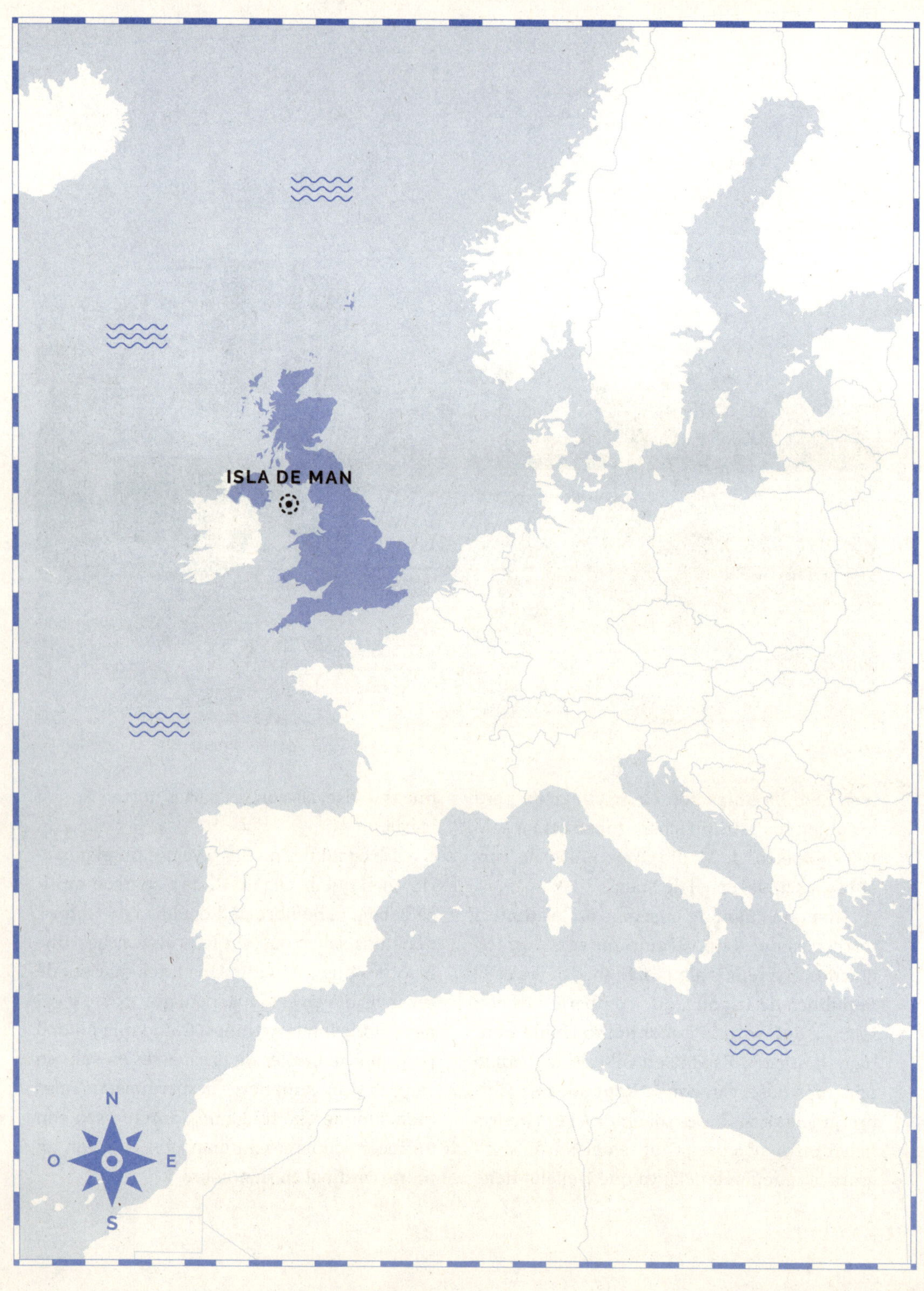
ISLA DE MAN
N
O
E
S

CAPÍTULO 6

ISLA DE MAN, DONDE SE ENTRELAZAN LOS LÍMITES

La carrera de motor más peligrosa del mundo.

Desde allí se pueden ver cinco naciones distintas.

Cómo estar dentro y fuera del Reino Unido.

El rey Carlos III domina territorios británicos que no son parte del Reino Unido. Hay escoceses que celebran cada derrota de Inglaterra en el fútbol, pero a la vez hubo banderas británicas que flamearon cuando Inglaterra fue campeona del mundo. Irlanda es una isla, aunque también un país independiente (pero solo una parte).

En medio de todas estas confusiones, como si fuera una sección muy puntual de un complejo diagrama de Venn, se halla la isla de Man. Tiene una superficie de 570 kilómetros cuadrados, por lo que es más grande que Andorra y más pequeña que Singapur, y cuenta con unos 84 000 habitantes. Está ubicada en el mar de Irlanda; es decir, en medio de las islas británicas. De hecho, es el único lugar del mundo desde el que pueden verse las costas de Irlanda, Irlanda del Norte, Escocia, Inglaterra y Gales. Esto es posible en el monte Snaefell, que tiene una elevación de más de 600 metros. Desde allí, en un día despejado, se pueden observar todas las naciones de la región.

La isla de Man ha tenido influencia celta y ha estado bajo dominio de los vikingos, Noruega, Escocia e Inglaterra en distintos momentos de su historia. En el año 979 se instaló el Tynwald, que es el parlamento democrático activo más antiguo del mundo. ¿Tu poder legislativo no fue testigo de tres milenios distintos? El de los maneses sí.

No es posible, por lo menos para nosotros, referirnos a este lugar sin hacer una parada por la estación de la vexilología. La bandera de este lugar es una de las que cuesta olvidar una vez que se la conoce. Sobre un fondo rojo, tres piernas unidas en el centro, con cada uno de los respectivos pies apuntando en la dirección de las agujas del reloj. En el escudo de la isla de Man, que contiene la bandera, reza la frase latina *quocunque jeceris stabit*, que podemos traducir como "dondequiera que lo tires permanecerá de pie".

La economía de la isla depende en buena parte de los servicios financieros: hay 300 000 empresas registradas. Algunos organismos la consideran un paraíso fiscal, aunque las autoridades locales aseguran que cumplen con las regulaciones internacionales.

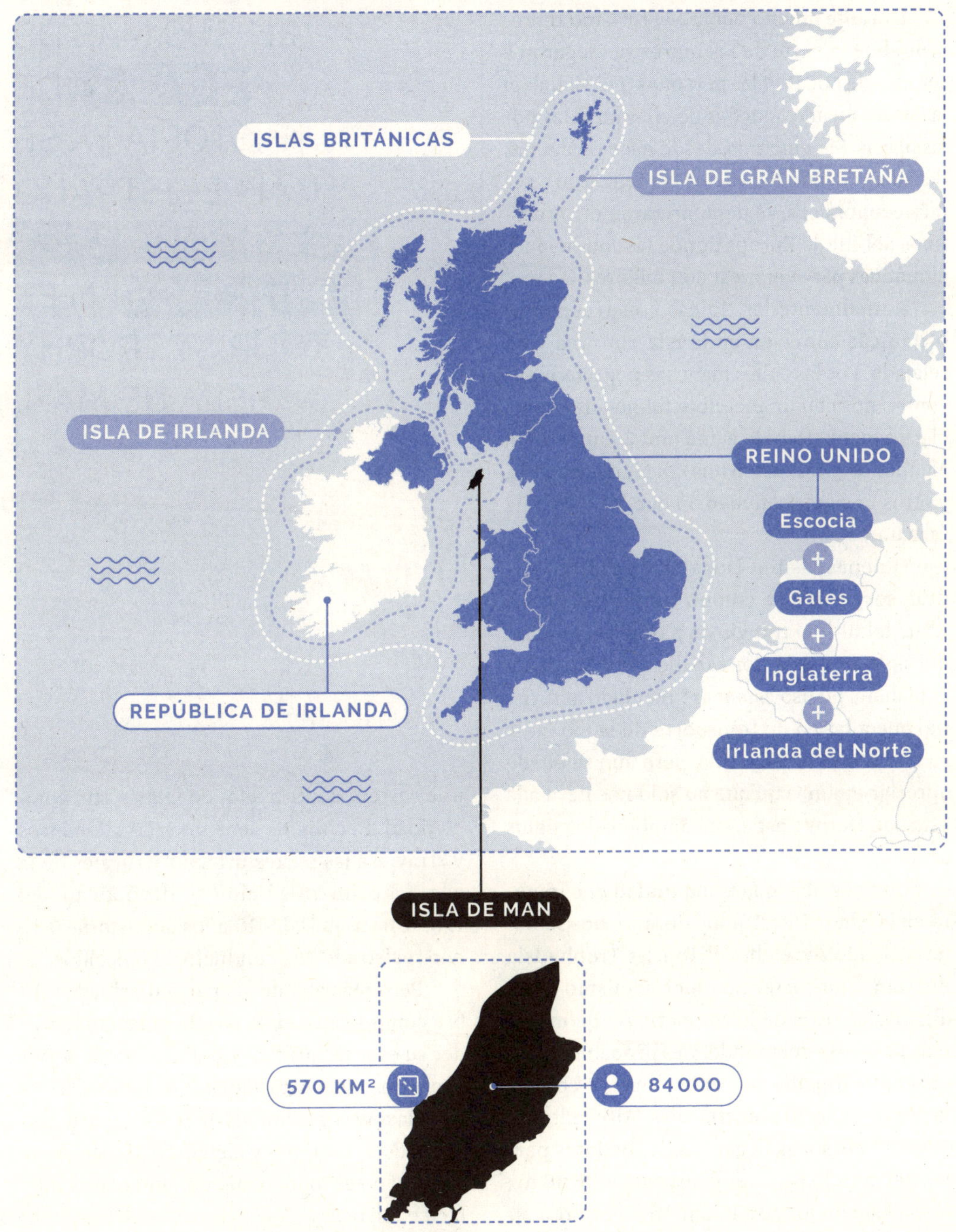
ISLAS BRITÁNICAS
ISLA DE GRAN BRETAÑA
ISLA DE IRLANDA
REINO UNIDO
Escocia
+
Gales
+
Inglaterra
+
Irlanda del Norte
REPÚBLICA DE IRLANDA
ISLA DE MAN
570 KM²
84000

Durante mucho tiempo el turismo representó buena parte de los ingresos. Llegaron a ser más de 600 000 las personas que visitaban la isla en un año, muchas de ellas atraídas por las playas. Sin embargo, desde hace ya algunas décadas, cuando los vuelos comenzaron a ser más económicos, se popularizaron otros destinos del sur de Europa donde las condiciones climáticas para veranear son mejores.

Actualmente las típicas construcciones británicas conviven en la isla con una vida relajada. Por las calles manesas podremos encontrarnos con un increíble felino autóctono, el gato manx. Debido a una mutación natural, algunos de ellos tienen una cola muy pequeña, y otros ni siquiera tienen, lo que los hace una raza única.

Quienes visiten Douglas, la capital, podrán sorprenderse con un tranvía único. Se trata del último tranvía de pasajeros original del siglo 19 tirado por caballos que queda en el planeta. Su uso está más vinculado al turismo que a la red de transporte de la ciudad y su circuito se ha reducido, pero aún se puede apreciar en un viaje que no solo nos lleva a la estación Derby Castle, sino también dos siglos atrás.

Una vez al año la tranquilidad que impera en la isla se interrumpe durante dos semanas, cuando se celebra el Tourist Trophy Isla de Man, una carrera de motociclismo. Para algunos se trata de la competición de motor más peligrosa del mundo, y es probablemente el acontecimiento por el que más se conoce la isla de Man en nuestros días. Alrededor de 300 000 personas llegan desde distintas partes del mundo para ver el espectáculo: motos que alcanzan los 300 kilómetros por hora en una carrera contrarreloj de la más alta complejidad. El circuito tiene unos 60 kilómetros y atraviesa las partes urbanas y rurales de la isla. La primera edición se llevó a cabo en 1907. En sus más de 110 años de historia ya se han registrado 265 conductores fallecidos.

EN SUS MÁS DE 110 AÑOS DE HISTORIA YA SE HAN REGISTRADO 265 CONDUCTORES FALLECIDOS EN EL TOURIST TROPHY ISLA DE MAN.

Pero más allá de las particularidades sobre cómo se vive en la isla de Man, comprender su estatus jurídico y político puede servir como una pista para algo más complejo: todas las relaciones y términos de la zona que designan países, naciones y elementos geográficos. No solo no es todo lo mismo, sino que es muy fácil equivocarse.

En primer lugar, la isla de Man tiene un órgano legislativo propio que ostenta autoridad total para los temas locales. Cuenta con policía, moneda, matrículas y servicio postal propios. Sin embargo, tampoco se considera un Estado soberano, ya que el Reino Unido se encarga de la defensa y la representación internacional y emite los pasaportes. Incluso puede legislar sobre la isla, aunque es muy difícil que lo haga sin consentimiento de los locales.

Además, el rey Carlos III es el señor de Man y soberano de la isla. Por eso se considera una dependencia de la Corona británica, aunque no es parte del Reino Unido. Tampoco es un territorio de ultramar, como son, por ejemplo, Gibraltar o Santa Elena. Al no ser parte del Reino Unido, en la isla de Man no se votó para salir de la Unión Europea o permanecer en ella, y es que, en rigor, nunca estuvo dentro.

Cuando hablamos del Reino Unido nos referimos al Reino Unido de Gran Bretaña e Irlanda del Norte, un Estado soberano. En el discurso coloquial muchas veces se utiliza el término “Inglaterra” casi como sinónimo, pero en realidad es un error hacerlo. Muchas de las confusiones se producen porque se mezclan los conceptos geográficos con los políticos. Un buen ejemplo es que no hay un gentilicio preciso en castellano para los oriundos del Reino Unido: los llamamos británicos, a pesar de que también incluimos en esta denominación a los norirlandeses, que no son de Gran Bretaña. Tratemos, entonces, de discernir un poco los conceptos.

En términos geográficos suele utilizarse el término “islas británicas” para hablar de toda esta zona, aunque muchos irlandeses lo rechazan. Las islas principales son Gran Bretaña en el este e Irlanda en el oeste. También hay muchas otras islas cercanas, como los archipiélagos escoceses de las islas Orcadas, Shetland y también, claro, la isla de Man.

En el ámbito político, dentro del Reino Unido encontramos cuatro naciones constitutivas: Inglaterra, Gales, Escocia e Irlanda del Norte. En esta última se sitúa la única frontera terrestre de la zona, con la República de Irlanda, que sigue perteneciendo a la Unión Europea. Este país se independizó en 1922, ya que antes formaba parte del Reino Unido. Sin embargo, seis condados decidieron seguir bajo la órbita de la Corona y conforman lo que hoy conocemos como Irlanda del Norte. Además, para hacerlo más confuso aún, Irlanda del Norte no posee el punto que está más al norte de la isla. El cabo Malin, ubicado en el condado de Donegal, pertenece a la República de Irlanda y constituye el extremo septentrional de la isla.

Pero la cuestión puede complicarse un poco más. Ya hemos visto el estatus particular de la isla de Man, pero existen otras dos en condiciones similares. Se trata de Guernsey y Jersey, que también son dependencias de la Corona, aunque no pertenecen al Reino Unido. Sin embargo, a diferencia de Man, no son británicas en cuanto a la geografía, ya que se encuentran frente a la costa de Francia. Son conocidas también como islas del Canal, ya que se ubican en el canal de la Mancha.

En definitiva, los términos pueden ser equívocos y confusos por esta mezcla de historia, geografía y política. No obstante, a veces parece que la confusión puede llegar incluso a otro nivel, como lo que se ve en el deporte. Por

El faro Douglas Head, símbolo de la isla de Man.

ejemplo, en fútbol compiten como naciones independientes. Inglaterra, Escocia, Gales, Irlanda del Norte y la República de Irlanda han jugado mundiales de este deporte. Los que más han destacado a lo largo de la historia han sido los ingleses, que han participado en 16 de las 22 ediciones hasta el momento. Los escoceses han disputado ocho mundiales, los galeses dos y los irlandeses —tanto los del norte como los de la República—, tres cada uno. La mayor participación de británicos se produjo en Suecia 1958: estuvieron todos menos la República de Irlanda.

Algo llamativo ocurrió en Londres en 1966. Allí Inglaterra levantó su única copa, después de vencer a Alemania Federal en la final. Sin embargo, en las tribunas no solo se veían banderas blancas y rojas con la cruz de San Jorge (es decir, la bandera inglesa), sino que también estaba la famosa Union Jack, la que distingue al Reino Unido, lo que agrega otro elemento... desconcertante.

En el caso del rugby, el otro deporte más popular de las islas, nos encontramos con otra sorpresa: también compiten por separado Inglaterra, Escocia y Gales, pero la isla de Irlanda lo hace de forma unificada. Esto se debe a que la federación se fundó en 1879, antes de la separación política dentro de la isla.

¿Y en los Juegos Olímpicos? Cada cuatro años vemos competir al equipo unificado del Reino Unido por un lado y al de Irlanda por el otro, pero con una particularidad: los atletas de Irlanda del Norte pueden optar por cualquiera de las dos banderas. Un campeón mundial y medallista olímpico que representó al Reino Unido es el ciclista Mark Cavendish. ¿Dónde nació? Sí, en Douglas, en la isla de Man. De allí también es Kieran Tierney, un destacado futbolista. Sin embargo, para la representación internacional eligió jugar con Escocia.

La próxima vez que veamos alguna confusión entre británicos e ingleses sobre cuáles son las islas británicas o hasta dónde llega el poder del rey, recordemos que no se agota ahí, sino que puede ser algo más enrevesado. La isla de Man está ahí para demostrarlo. •

EN EL DEPORTE LA CONFUSIÓN LLEGA A OTRO NIVEL: LOS CRITERIOS DIFIEREN EN CADA DISCIPLINA.

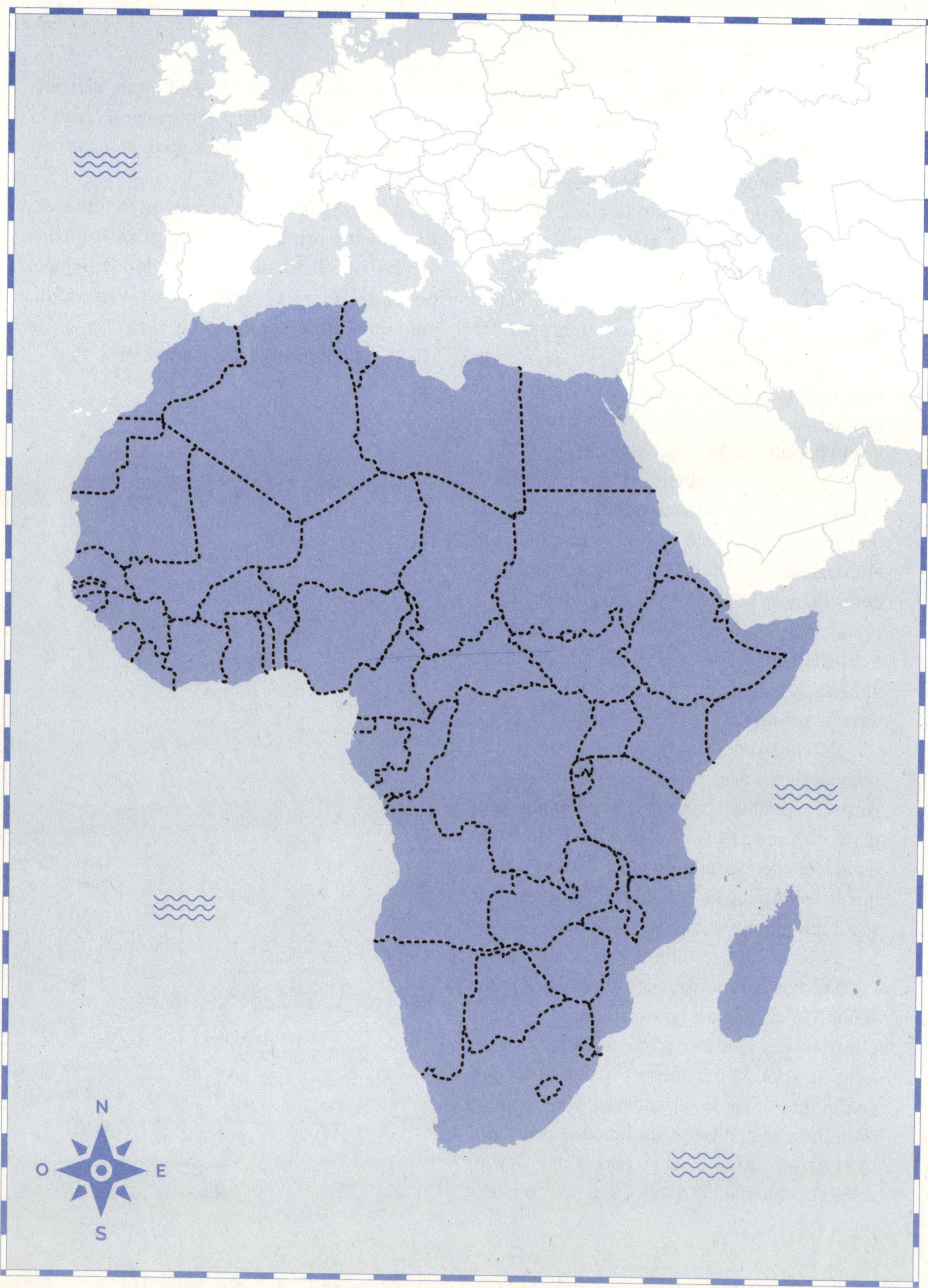
N
O
E
S

CAPÍTULO 7

EL REPARTO DE ÁFRICA, EL GERMEN DE UNOS LÍMITES SIN SENTIDO

Miles de kilómetros de frontera decididos en otro continente.

Décadas de dominio y explotación colonial.

Las líneas que persisten hasta nuestros días.

Tal fue el nivel de difusión y viralización que es posible que a muchos lectores de este libro no les resulte ajena la siguiente referencia. Un reportero hace preguntas sobre geografía a personas que pasan por la calle con un planisferio de fondo. Las consignas son básicas: ubicar Europa o mencionar cuáles son los continentes.

La fascinación por este tipo de vídeos radica en la ignorancia de los consultados, que no pueden decir siquiera dónde está el país en el que se encuentran, o, incluso, lanzan respuestas que pueden parecer insólitas, como apuntar a Groenlandia y decir que es Australia.

Uno de los intercambios clásicos en este tipo de encuentros es que el entrevistado, que ya se muestra algo perdido, simplemente tiene que mencionar y ubicar un país. Entonces dice "África", lanza internamente una plegaria y arriesga a alguna parte del planisferio. La respuesta instantánea del reportero lo sorprende: "África no es un país".

En la distancia, y seguramente por ignorancia, muchas veces se habla de África como una unidad. Sin embargo, existen infinitas diferencias entre países como Túnez, Etiopía y Namibia, por ejemplo. Nos encontramos con climas, idiomas, religiones e historias muy distintas. Hasta las distancias son gigantescas: por ejemplo, Rabat y Ciudad del Cabo están separadas por 8000 kilómetros, unos 600 más respecto a los que dista Ciudad de México de Buenos Aires y más del doble de la distancia que hay entre Lisboa y Moscú.

Al ver un mapa político del continente podemos pensar que las fronteras tienen siglos de historia o que se trazaron a medida que crecieron los pueblos, pero esto no fue así. A finales del siglo 19 se produjo el llamado "reparto de África". Se reunieron en la ciudad de Berlín siete potencias coloniales europeas: Francia, España, Portugal, el Reino Unido, Alemania, Italia y Bélgica. En solo tres meses, entre 1884 y 1885, estos países se "repartieron" casi todo el territorio africano. No tuvieron en cuenta las realidades de cada lugar ni los deseos o intereses de los locales. Simplifiquemos: colorearon en un mapa a quién le correspondería colonizar cada parcela del continente.

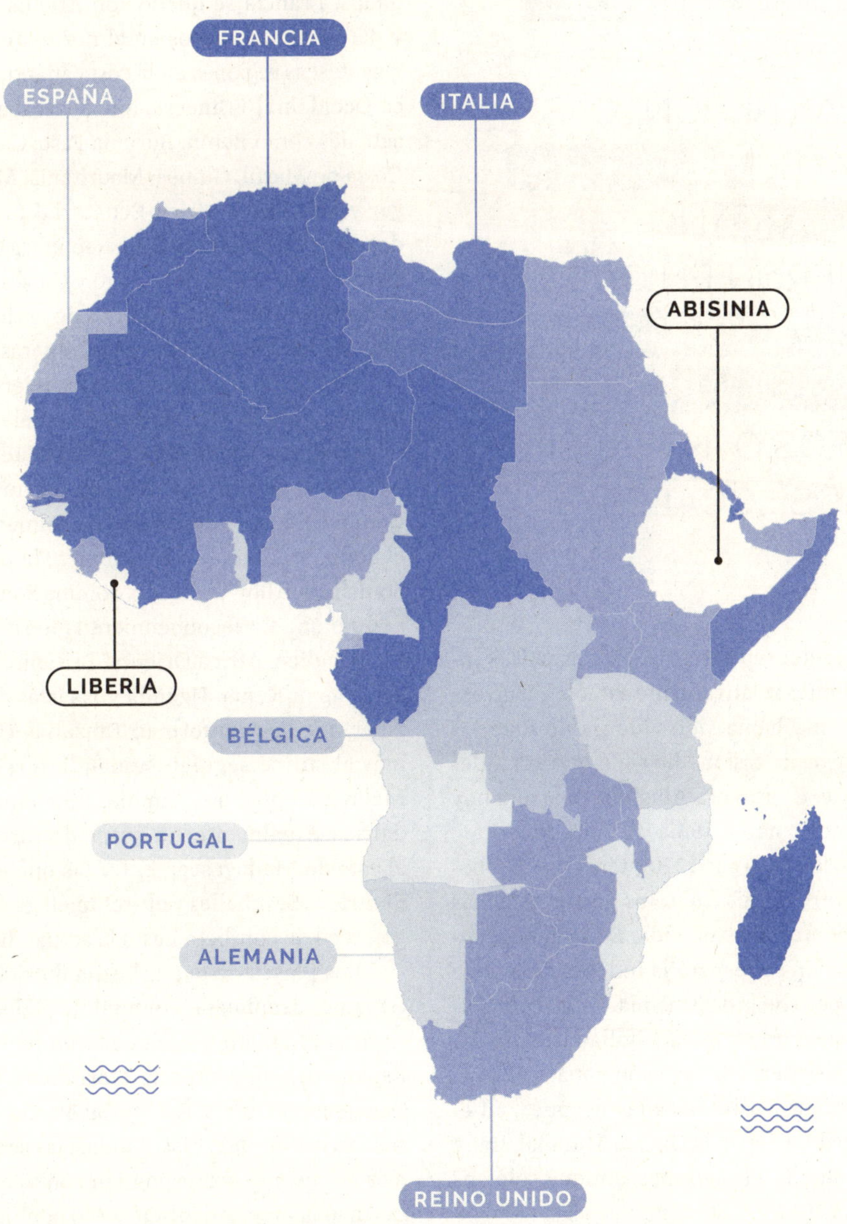
REPARTO DE ÀFRICA
FRANCIA
ESPAÑA
ITALIA
ABISINIA
LIBERIA
BÉLGICA
PORTUGAL
ALEMANIA
REINO UNIDO

EN SOLO TRES MESES SIETE PAÍSES EUROPEOS SE "REPARTIERON" CASI TODO EL TERRITORIO AFRICANO. NO TUVIERON EN CUENTA LAS REALIDADES DE CADA LUGAR NI LOS DESEOS O INTERESES DE LOS LOCALES.

Antes del reparto existían dos países independientes relativamente estables. Uno era Liberia, que había sido colonia de Estados Unidos y hacía casi medio siglo que era independiente. El otro era Abisinia, país que hoy conocemos como Etiopía. El Imperio etíope había nacido en el año 1270 y tenía plena soberanía dentro de sus fronteras después de más de seiscientos años de vida. En la Conferencia de Berlín se respetó la independencia de Liberia, pero no la de Abisinia. Estaba planeado que quedara en manos italianas, pero los etíopes resistieron la invasión y mantuvieron su soberanía. Varias décadas después, en el contexto de la Segunda Guerra Mundial, Italia pudo dominar a los etíopes, aunque solo entre 1936 y 1941.

De esta forma, todo el resto del continente quedó en manos de los siete países mencionados. Francia se quedó con Argelia, Túnez y parte de Marruecos en el norte. Tenía dos gigantescas regiones en la costa atlántica: África Occidental Francesa, que abarcaba países actuales como Benín, Burkina Faso, Camerún, Costa de Marfil, Guinea, Mauritania, Mali, Níger y Senegal; y África Ecuatorial Francesa, donde hoy se asientan Chad, República Centroafricana, República del Congo y Gabón. A esto se agrega Yibuti, en el Cuerno de África, y las islas del Índico: Madagascar y Comoras.

Los británicos también obtuvieron una porción grande. Ocuparon los actuales Egipto y Sudán (y Sudán del Sur) en la cuenca del Nilo. En el oeste tenían Nigeria, Sierra Leona, Gambia, Ghana y una parte de Camerún. En el golfo de Adén, frente a Yemen, la parte de Somalia que hoy, de hecho, domina Somalilandia, aunque sin reconocimiento internacional. En el Índico, África Oriental Británica: allí se agrupaban Kenia, Uganda y las islas de Zanzíbar, que hoy conforman Tanzania. Un poco más al sur se seguían sumando territorios: Malaui, Zimbabue, Zambia, Botsuana y Sudáfrica. Finalmente, un grupo de varias islas al este de Madagascar, entre las que estaban Mauricio, Seychelles y el archipiélago de Chagos, foco de conflicto hasta la actualidad.

Los países de la península ibérica ya no tenían el despliegue colonial de siglos anteriores, pero tampoco se quedaron fuera. Para España fueron partes de Marruecos, Sahara Occidental y Guinea Ecuatorial. Portugal tenía sus territorios bien distribuidos: las secciones más grandes se corresponden con lo que hoy es Angola, en el Atlántico, y Mozambique, en el Índico. Además, obtuvo también la pequeña Guinea-Bisáu y las islas de Cabo Verde y Santo Tomé y Príncipe.

Italia, en cambio, solo apuntó al norte del continente. Se quedó con las actuales Libia, Somalia —sin la parte británica— y Eritrea. No lo logró, como habíamos señalado, en el caso de Etiopía. No sería el único revés militar italiano en aquellos años.

En el caso de Alemania el interés era manifiesto. Su canciller, Otto von Bismarck, había sido el gran responsable de la unificación del país. A diferencia de otras potencias, los alemanes habían llegado tarde a la explotación colonial, por lo que no querían dejar pasar su oportunidad en África. Agrupó su tajada en tres grandes regiones. En la occidental se quedó con partes de Camerún, Nigeria, Togo y Ghana. En la oriental, con Burundi, Ruanda y casi toda Tanzania. La tercera región fue África del Sudoeste Alemana, lo que hoy es Namibia. Allí estaba incluida la increíble Franja de Caprivi.

Finalmente, mención especial para Bélgica. Se quedó con una gran región en el centro de África, el Congo Belga, lo que luego sería Zaire y hoy es la República Democrática del Congo. A pesar de que casi todo el territorio estaba tierra adentro en el continente, los belgas lograron una pequeña rendija para tener salida al mar. Son unos 40 kilómetros en la costa occidental que permanecen hasta nuestros días. Sin embargo, la belga no fue una colonia como las demás, sino que era propiedad de su rey, Leopoldo II. El monarca encabezó una explotación de los recursos por medio de indígenas esclavos y un genocidio en el que se estima que murieron entre cinco y diez millones de personas.

Fue una división planeada y acordada a miles de kilómetros de África, sin siquiera consultar a los habitantes y sin tener en cuenta la historia y la cultura de los pueblos. No, no había muchas posibilidades de que saliera bien.

Los resultados de aquella conferencia dieron lugar a fronteras fijas que poco tenían que ver con las realidades locales. Con el paso del tiempo estos límites no solo no se modificaron —hay excepciones—, sino que se fortalecieron.

En la década de 1960 se produjo un auge de independencias y surgieron muchos de los países que conocemos hoy. Para evitar nuevas guerras se optó por respetar los viejos límites coloniales. De esta forma, hubo pocas alteraciones en el mapa político. Una de las más relevantes fue la separación de Eritrea: en 1993 logró la independencia de Etiopía tras años de guerras. El otro gran cambio fue la división de Sudán: en 2011, tras un referéndum, nació Sudán del Sur, que aún hoy es el país más joven del mundo.

Pero esos límites trazados en Berlín y vigentes en la actualidad esconden algunas rarezas. Es el caso de Gambia, que se encuentra totalmente rodeada por Senegal y se extiende unos pocos kilómetros hacia cada margen del río Gambia. Esa zona había sido ocupada por los británicos, quienes la quisieron mantener.

También podemos rescatar el caso de Cabinda. Es un pequeño exclave de Angola, país que queda dividido y que permite que la República Democrática del Congo tenga costa. Esta región tiene reservas petroleras. Para algunos poco tiene que ver culturalmente con el resto de Angola, por lo que han reclamado su soberanía.

NÍGER ES UNO DE LOS MAYORES PRODUCTORES DE URANIO DEL MUNDO Y EL 70 % DE SUS EXPORTACIONES SON DE ORO. SIN EMBARGO, SOLO HAY SEIS PAÍSES MÁS POBRES EN TODO EL PLANETA.

A su vez, los límites han separado lo que estaba unido. Es el caso de los tuaregs. Este pueblo está dividido en la actualidad en cinco Estados nacionales: Mali, Burkina Faso, Argelia, Níger y Libia.

Igualmente, en medio del Sahara son muy pocos los hitos que marcan los límites transnacionales. Es decir, lo que vemos muy fijo en un mapa no se condice del todo con la realidad, en donde las líneas son más permeables.

Lamentablemente, durante las décadas posteriores a las independencias se han visto numerosas guerras civiles y han surgido nuevas formas de colonización. Francia, lejos de alejarse, continúa con una gran presencia financiera. Catorce países utilizan como moneda el franco CFA, que se imprime en Francia y que tiene una paridad con el euro. Igualmente, existen planes para reemplazarla y que los países africanos ganen en soberanía.

Mientras tanto continúa la explotación de los recursos naturales por parte de manos extranjeras. La presencia china ha aumentado exponencialmente en las últimas décadas. Las encrucijadas que surgen son las de siempre cuando se trata de relaciones tan desiguales: ¿es positivo el aporte de China, que ha apuntalado la infraestructura en muchos países? ¿O se trata de otro intento de dominación de los recursos naturales?

El caso de Níger puede servir como muestra: es uno de los mayores productores de uranio del mundo y el 70 % de sus exportaciones son de oro. Sin embargo, solo hay seis países más pobres en todo el planeta, y cinco son africanos.

Aquellas fronteras trazadas en Berlín hace un siglo y medio siguen siendo relevantes y marcan a fuego casi todo el mapa político del continente. Resulta contrafáctico analizar si haber respetado esos límites con el nacimiento de los países fue la mejor estrategia para evitar males y guerras mayores o si, en cambio, deberían haberse explorado otras alternativas.

Uno de los casos que puede generar optimismo es el acuerdo que lograron Burkina Faso y Níger en 2013. Después de décadas de litigios, intercambiaron 18 ciudades y resolvieron las disputas fronterizas: 14 pasaron de Níger a Burkina Faso y 4 hicieron el camino inverso. Ambos países se sometieron a la Corte Internacional de Justicia de La Haya y acataron el fallo que dictó.

Mientras tanto, desde fuera podemos seguir lidiando contra los intentos de asimilación. África es un continente megadiverso, joven, en crecimiento, repleto de contrastes, en donde se hablan muchos idiomas distintos y se profesan diferentes religiones, pero, sobre todo, un continente que no es un país, sino que está formado por 54 distintos. •

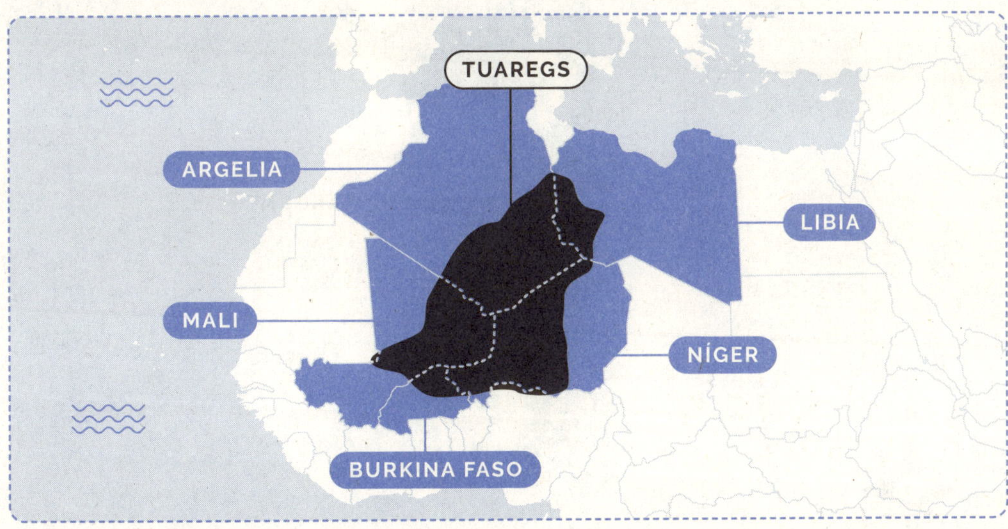

CHILE
ARGENTINA
N
O
E
S

CAPÍTULO 8

CHILE-ARGENTINA, LA FRONTERA INCONCLUSA

El tercer límite más extenso del mundo.

Entornos naturales únicos a lo largo de miles de kilómetros.

Múltiples disputas fronterizas con distintas resoluciones.

La que separa —o une— Argentina y Chile es una de las fronteras más fascinantes del planeta. Se extiende, en su parte terrestre, entre los paralelos 22 y 54 sur. Ningún otro límite internacional en el mundo tiene tanta diferencia entre sus puntos norte y sur. En el extremo septentrional, el trifinio entre ambos países y Bolivia, una tierra en la que viven llamas y flamencos, cerca del desierto de Atacama. En el extremo meridional, la isla Grande de Tierra del Fuego, cerca de la bahía Lapataia y en el canal Beagle, ese lugar en el que se conectan los océanos Pacífico y Atlántico de forma natural en el extremo sur del Cono Sur.

Son 5308 kilómetros de frontera en total, según datos del Instituto Geográfico Nacional, organismo oficial de la República Argentina. Aunque, como veremos, es imposible determinar que esos 5308 kilómetros sean exactos. Lo que sí se puede corroborar es que se trata de la tercera frontera más extensa del planeta. Solo la superan la de Canadá-Estados Unidos, que llega a los 8891, y la de Rusia con Kazajistán: 7644 en un solo tramo.

En el medio hay de todo. Principalmente, los Andes, la cordillera continental más larga del planeta, con 8500 kilómetros de extensión. Atraviesa toda Sudamérica, desde Venezuela hasta el límite sur entre Chile y Argentina. No es la única marca impactante de esta cadena montañosa, que está repleta de paisajes y entornos extraordinarios. Por ejemplo, el monte Aconcagua es la cumbre más alta del planeta fuera de Asia. Con 6961 metros sobre el nivel del mar, solo la superan algunos picos que se encuentran en el Himalaya.

Pero hay otro récord que observamos en los Andes que es absoluto: el Nevado Ojos del Salado es el volcán más alto de la Tierra. Las fuentes difieren sobre su altura exacta. Según registros chilenos, llega a los 6891 metros sobre el nivel del mar. Para los argentinos alcanza los 6879 metros. De cualquier manera, no hay ningún otro tan alto en todo el planeta. De hecho, el que le sigue es el monte Pissis, ubicado unos kilómetros más al sur. Si seguimos con la lista de los volcanes más altos de la Tierra, los siguientes 30 pertenecen también a la cordillera de los Andes.

CORDILLERA DE LOS ANDES
8 500 KM
VOLCÁN OJOS DEL SALADO
CERRO ACONCAGUA
OCÉANO ATLÁNTICO
OCÉANO PACÍFICO
FITZ ROY
PASAJE DRAKE

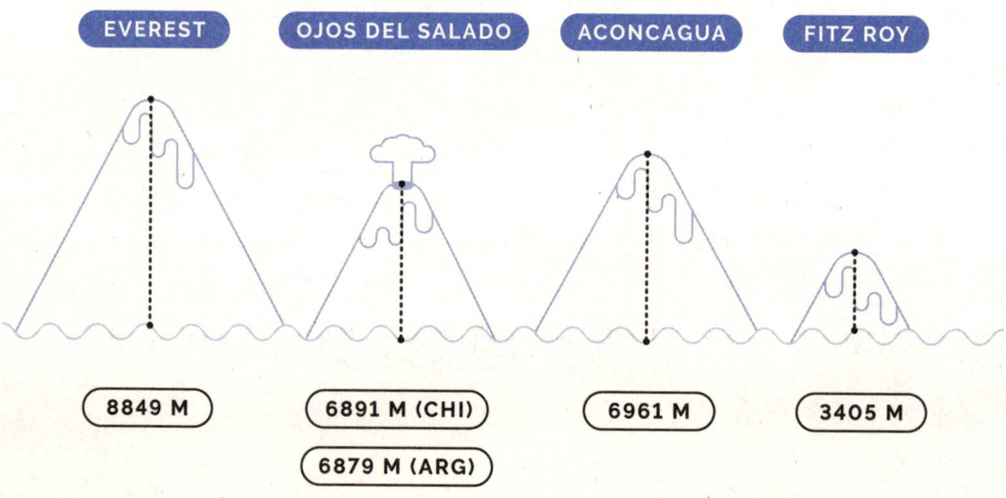

Ojos del Salado se ubica justo en el límite entre los dos países. Es la cumbre de Chile y el segundo pico más alto de Argentina, solo superado por el mencionado Aconcagua. Tiene dos picos muy cercanos entre sí. Uno es conocido como cumbre oriental o argentina, y el otro como cumbre occidental o chilena. Ambos pertenecen a los dos países, pero se los llama así porque se indica desde qué país es más fácil llegar. Hubo varias mediciones para tratar de determinar cuál de las dos cimas es más alta y se llegó a la conclusión de que las diferencias son mínimas. En montañismo, cuando la diferencia es de menos de 1 metro se considera que las dos son cumbres.

El Ojos del Salado no solo es el volcán más alto del planeta, sino que ostenta otro récord mundial. Uno de sus cráteres, en el lado argentino, contiene un lago de unos 100 metros de diámetro que se sitúa sobre los 6390 metros sobre el nivel del mar. Esto lo convierte en el lago ubicado a mayor altura en toda la Tierra.

Como nos referimos a un volcán, es posible que muchos se pregunten cuál es su nivel de actividad. Por suerte, en este caso no ha habido erupciones que hayan causado destrucciones ni evacuados, como se ha visto tantas veces en otros escenarios. En 1993, de todas formas, se pudo ver una emisión de cenizas, aunque no fue demasiado importante. Además, periódicamente se registran algunas fumarolas. Para la última erupción, según consideraron los científicos, hay que remontarse por lo menos 1300 años en el tiempo.

Esto permite que los visitantes puedan ir al lugar sin mayores preocupaciones. No obstante, son muchos más los aventureros que se sienten atraídos por el Aconcagua, a pesar de que la diferencia de altura entre ambas cumbres es relativamente pequeña. Mientras que en esa montaña existen expediciones frecuentes, más cantidad de refugios y comodidades, el Ojos del Salado aparece como una opción menos explorada.

Sin embargo, también es un gran destino para los montañistas. Se puede llegar desde Chile o desde Argentina, y cada lugar tiene ventajas y desventajas. En el lado chileno existe un camino asfaltado para llegar más cerca y hay varios refugios de montaña, pero la ascensión es más dificultosa. En el lado argentino hay que recorrer una distancia mayor desde la ruta, pero la subida en sí tiene menor grado de complejidad. De hecho, no es obligatorio tener enormes destrezas para llegar a la cumbre del volcán. Lo que sí es necesario es contar con un buen estado físico.

Otro aspecto que hay que tener en cuenta es la aclimatación. No podemos pretender pasar de la base a la cumbre en un día, ya que sufriremos el mal de altura, lo que nos puede traer enormes problemas de salud e incluso llevar a la muerte. Por eso se recomiendan unas dos semanas para completar el trayecto. La subida es muy empinada, sobre todo en el lado chileno: Copiapó, la ciudad importante más cercana, está a 250 kilómetros y se ubica sobre los 400 metros de altura. Es decir, en este pequeño trayecto ascendemos nada menos que 6400 metros en vertical.

Pero no solo personas entrenadas podrán conocer esta zona fronteriza, que ofrece algunos lugares muy llamativos a cada lado de los Andes. En la parte chilena nos encontramos con el desierto de Atacama, uno de los más famosos del mundo. Es conocido por ser el lugar más árido del planeta fuera de la Antártida. Sin embargo, menos famoso es un fenómeno

ATACAMA ES CONOCIDO POR SER EL LUGAR MÁS ÁRIDO DEL MUNDO FUERA DE LA ANTÁRTIDA. SIN EMBARGO, MENOS FAMOSO ES UN FENÓMENO INCREÍBLE QUE SE PRODUCE ALLÍ: EL DESIERTO FLORIDO.

increíble que se produce allí: el desierto florido. En vez de toparnos con una inmensidad de terreno inhóspito, gris y sin vida, tendremos un panorama completamente distinto. Más de 200 especies de flores de distintos colores brotan en medio del desierto, como si se tratara de un truco.

No es magia, sino un fenómeno muy particular. A pesar de ser un desierto, en algunas temporadas se producen precipitaciones. Si las lluvias alcanzan los 15 milímetros, comienza el proceso. Las semillas, ocultas debajo de la tierra durante años, comienzan a germinar. Luego, con las flores, también llegarán algunos animales que le darán más vida al lugar.

Una de las particularidades del desierto florido es que se da esporádicamente y no de forma regular. En este siglo ya ha sucedido en más de una ocasión: las últimas fueron en 2015 y 2022. Solo dura unas pocas semanas y no se puede prever con mucha precisión, por lo que hay que estar muy atento si se quiere ser testigo de este fenómeno. Sí, veremos enormes campos llenos de color en medio del desierto más árido del mundo.

En el lado argentino también podríamos decir que es casi un desierto. No por las condiciones climáticas, algo menos extremas, sino por la poca cantidad de personas que viven en la zona. Los dos departamentos que se ubican en la cordillera en el lado oriental son Antofagasta de la Sierra y Tinogasta. Entre ambos llegan a los 52 000 kilómetros cuadrados de superficie; es decir, similar a la totalidad de Costa Rica. Sin embargo, solo viven en esta área unas 25 000 personas, desperdigadas en poblados muy pequeños.

La fama de la región aumentó hace algunos años, cuando se corría el rally Dakar en Sudamérica. En cuatro años distintos automóviles, motos, camiones y cuatriciclos cruzaron la cordillera por el paso San Francisco, ubicado a solo 35 kilómetros del Nevado Ojos del Salado, el volcán más alto del mundo.

Si nos vamos más al sur —bastante, unos 2500 kilómetros en línea recta—, siempre alrededor de la frontera entre Chile y Argentina y en la cordillera, también podremos observar lugares muy especiales. Uno de ellos es el campo de hielo Patagónico Sur, el glaciar más extenso del planeta fuera de las zonas polares. Si tomamos como referencia todo el globo, solo Groenlandia y la Antártida están por delante.

El monte Fitz Roy, un emblema de la Patagonia.

Esta zona tiene un turismo más desarrollado. Las opciones, en medio de paisajes patagónicos propios de obras de arte, son diversas, sobre todo para los amantes del senderismo (o *trekking*, o *hiking*; todos los términos se refieren a lo mismo, pero se usan más o menos según la región). El monte Fitz Roy, la laguna de los Tres y la laguna Sucia —cuyo nombre es un oxímoron gigante— son algunos de los destinos predilectos para los caminantes que van de visita.

Quienes se dedican al alpinismo también tienen una pequeña meca en este rincón del mapa, no tanto por su altura, sino por la dificultad de su ascensión. El mencionado Fitz Roy alcanza los 3400 metros de altura, una elevación muy inferior a otras montañas de la cordillera. Sin embargo, la dificultad de escalarlo es enorme, ya que tiene una inclinación muy pronunciada.

Pero si hablamos de opciones arriesgadas, otro tipo de expediciones a pie incluirán caminar por el hielo y acampar en lugares completamente remotos. Tal es el grado de dificultad que se recomienda tener conocimientos sobre cómo construir un iglú.

Estos hielos continentales son compartidos por ambos países, aunque la mayor parte se encuentra en el lado chileno. ¿En qué proporción? Es imposible determinarlo con precisión. Lo mismo sucede con el dato brindado al inicio del capítulo: los 5308 kilómetros de frontera son, en realidad, una estimación que no sabemos si es exacta.

En medio de los hielos, a la altura del paralelo 49º 30′ sur, puede pasarnos que estemos en un lugar sin saber si es Chile o Argentina y que nadie pueda asegurarnos un dato fidedigno. En rigor, existe una zona en la que no está definido dónde termina un país y dónde comienza el otro. Una frontera inconclusa.

Al compartir historia, vecindario y esta enorme frontera, Chile y Argentina tuvieron en el pasado varias disputas fronterizas. Seis décadas después de haber declarado su independencia, estos dos países llegaron a un acuerdo general limítrofe. En 1881 firmaron un tratado que rige hasta nuestros días y que marcó, en gran medida, la cuestión lindera binacional.

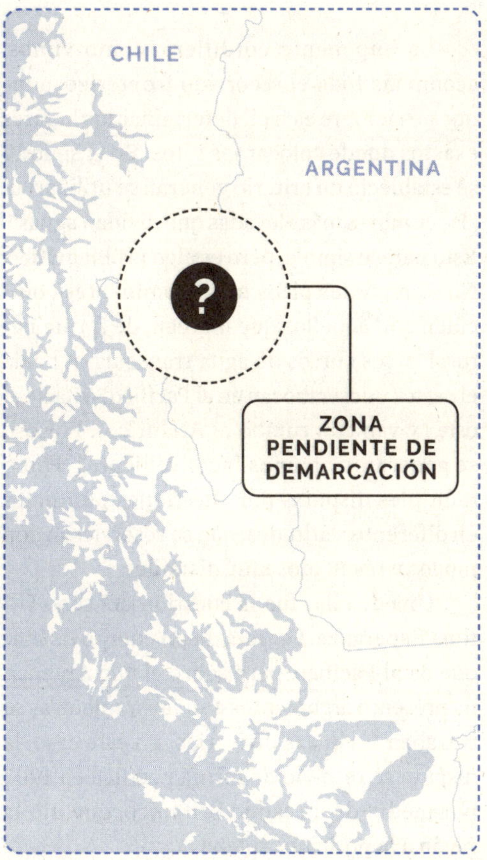

AL SUR DEL MONTE FITZ ROY NO SE SABE CON EXACTITUD HASTA DÓNDE LLEGA CHILE Y HASTA DÓNDE ARGENTINA.

La imponente cordillera, como vimos, acompaña todo el recorrido fronterizo, aunque no siempre es fácil determinar los lugares exactos donde colocar los hitos. En el siglo 19 se estableció un criterio general: se utilizarían "las cumbres más elevadas que dividan aguas". Esto parece simple, pero es algo problemático. No siempre los picos más prominentes coinciden con aquellos que marcan, de forma natural, si los cursos de agua transcurren hacia el oeste (y desembocan en el Pacífico) o hacia el este (y van con rumbo al Atlántico). Por eso se generaron algunos inconvenientes. Hubo múltiples disputas por cuestiones puntuales en diferentes latitudes, que se resolvieron con modos y resultados muy disímiles.

Una de ellas fue la cuestión del seno Última Esperanza. Se trata de un cuerpo de mar que da al Pacífico, pero sobre el que Argentina presentó argumentos a su favor mientras se trazaban las líneas divisorias. En este caso, la disputa se resolvió de forma pacífica en 1902 por medio de un laudo británico, que dio la razón a la posición chilena.

Otro recorrido tuvo la disputa por la laguna del Desierto, ubicada unos kilómetros al norte del Fitz Roy. Las diferencias también se remontaban a pocos años después del tratado de 1881, pero en este caso se extendieron varias décadas más. De hecho, en 1965 se produjo una trifulca entre miembros de las fuerzas armadas de ambos países en la que murió Hernán Merino, un teniente chileno. El tema se resolvió en la década de 1990: ambos países se sometieron a un tribunal internacional, que en este caso favoreció en casi todos los puntos la posición argentina.

Sin embargo, ningún conflicto limítrofe escaló tanto como la cuestión del Beagle. En una región acostumbrada a la violencia pero no a las guerras, la opción de la vía militar estuvo más cerca que nunca en 1978. El canal Beagle está al sur de la isla Grande de Tierra del Fuego, en el extremo austral de América. El caso también se arrastraba desde finales del siglo 19. A partir de allí hubo mapas a uno y otro lado de los Andes que mostraban cartografías muy distintas. El control del canal, los límites marítimos y el dominio de tres islas —Picton, Lennox y Nueva— estaban en el centro de la disputa.

En 1971 los mandatarios de los dos países llegaron a un acuerdo para someterse a un arbitraje. El resultado sería un laudo a cargo del Reino Unido, que se dio a conocer en 1977 y que favoreció a Chile. Ante esta situación, el gobierno de facto de Argentina denunció que había animosidad por parte de la mediación y no reconoció el resultado.

A partir de entonces todo empeoró. En ambos países se habían instaurado feroces dictaduras militares —con Augusto Pinochet y

Jorge Videla al frente— y la tensión aumentó. Quienes estaban a cargo del gobierno argentino pensaron que sería una buena idea escalar el conflicto y amenazar con una invasión a Chile, y no solo a las pequeñas islas australes, sino a lo largo de todo el trazado.

En diciembre de 1978 el inicio de las hostilidades argentinas era casi un hecho y ya se habían movilizado tropas del país. Sin embargo, por circunstancias que aún hoy no han terminado de dilucidarse, la guerra nunca comenzó. En cambio, se aceptó una mediación papal, a cargo del recién llegado a Roma Juan Pablo II. Su enviado, el cardenal Antonio Samoré, logró destrabar el conflicto con su intervención. Su resolución favorecía en casi todos los puntos a Chile, y la aceptación argentina quedó en un limbo durante años. Justo después de la recuperación de la democracia, en 1984, se sometió a una consulta popular: nada menos que el 83 % optó por aceptar el laudo y asegurar la paz.

Pero esas diferencias no fueron las últimas. En la década de 1990, con gobiernos afines, se intentó zanjar lo que faltaba. Y lo que faltaba era la cuestión del campo de hielo Patagónico Sur, también conocido como hielos continentales. Desde el monte Fitz Roy hasta el cerro Daudet, ambos países defendían posturas distintas sobre el trazado. En 1998 se llegó a un acuerdo parcial en la parte sur, entre el cerro Murallón y el Daudet. Sin embargo, la parte norte quedó pendiente de demarcación.

Así ha quedado hasta nuestros días. De hecho, es fácil hacer la prueba en Google Maps: si hacemos zoom en esa parte de la frontera, veremos que el límite se corta a la altura del Fitz Roy y vuelve a comenzar unos 65 kilómetros al sur. Sin embargo, en el medio, lo dicho: no se sabe con exactitud hasta dónde llega Chile y hasta dónde Argentina. Son unos 1000 kilómetros cuadrados pendientes de definición en un entorno muy especial. Los dos países lo consideran así, y por eso ambos establecieron parques nacionales. Al oeste, el parque Bernardo O'Higgins; al este, el parque Los Glaciares.

Con 7200 kilómetros cuadrados de superficie, incluida la zona reclamada, Los Glaciares es el más grande de los 39 parques nacionales argentinos. Dentro de su perímetro se encuentra El Chaltén, una localidad también especial. Es relativamente joven, ya que se fundó en 1985. Además, posee un récord: es la localidad habitada más occidental de la República Argentina. Aunque solo viven unas 3000 personas allí, año tras año llegan miles de turistas para explorar las alternativas que ofrecen el senderismo o la escalada.

Una de las expediciones más atractivas es la que tiene como destino el Circo de los Altares, en medio de la montaña. El norte de esta formación es territorio chileno, pero la parte sur no lo sabemos. Si vamos desde El Chaltén hacia allí, atravesaremos una zona de soberanía indeterminada. ¿Chile o Argentina? Hoy por hoy no hay forma de saberlo.

Por eso tampoco hay forma de definir con precisión si los 5308 kilómetros de frontera entre Chile y Argentina son realmente 5308. De cualquier manera, sean algunos más o algunos menos, seguirá siendo la tercera más extensa del planeta y, alejados los peores fantasmas, sin hipótesis de conflicto a la vista. •

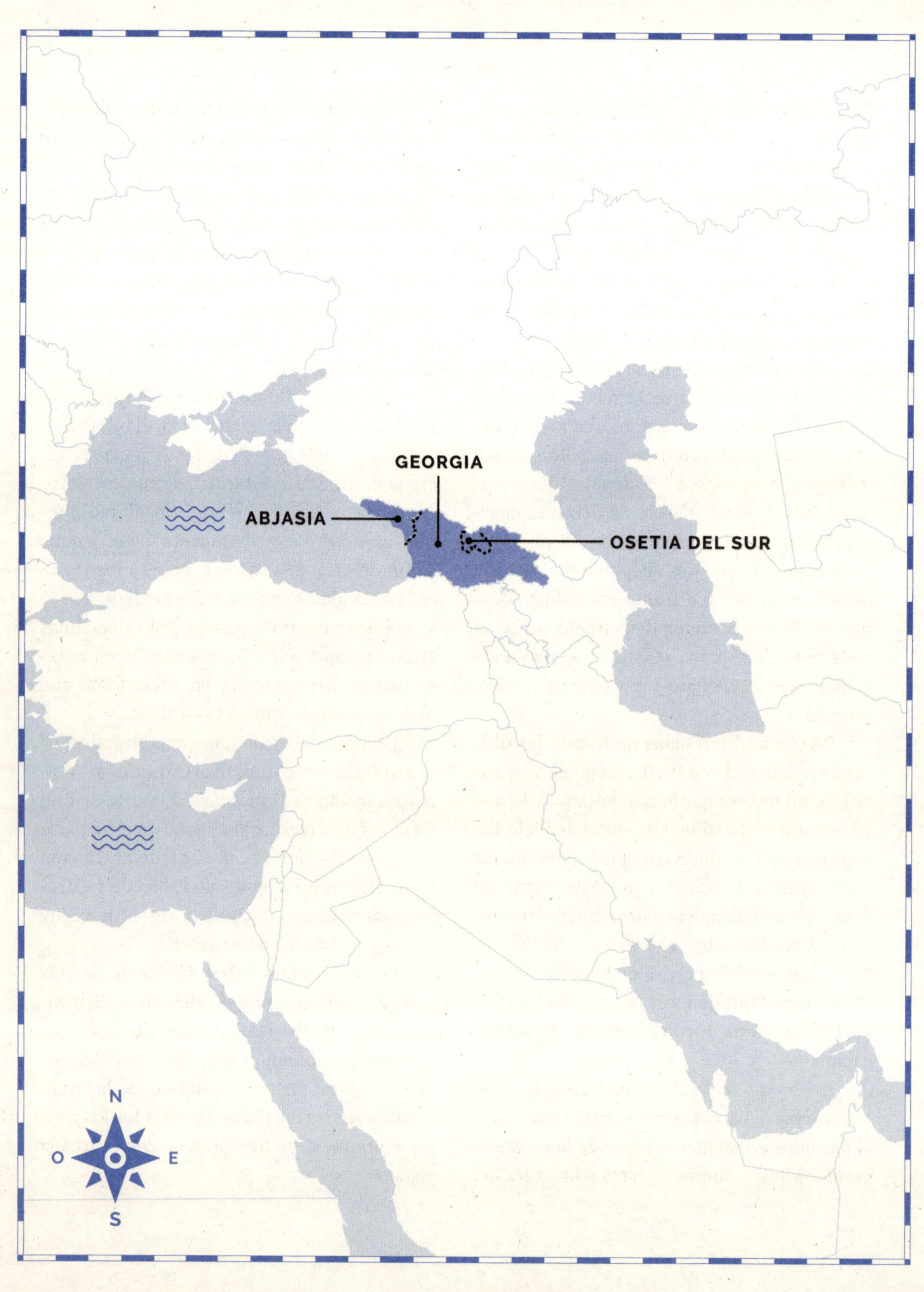
GEORGIA
ABJASIA
OSETIA DEL SUR
N
O
E
S

CAPÍTULO 9

ABJASIA Y OSETIA DEL SUR, DOS REGIONES EN EL LIMBO

Georgia, el espejo de Ucrania.

La técnica de la "fronterización".

Cuando tu casa ya no está en tu país.

¿Qué tienen en común Nauru, Nicaragua, Rusia, Siria y Venezuela? En una primera impresión, no mucho. Estos cinco países tienen dimensiones, historias y culturas con pocos puntos de contacto. Sin embargo, coinciden en una cuestión: son los únicos miembros de la ONU que reconocen a Abjasia y a Osetia del Sur como pares.

Las fronteras de Abjasia y Osetia del Sur se encuentran en una categoría particular: no las vemos marcadas como límites internacionales en un mapa tradicional pero, si vamos al territorio, la realidad nos dirá otra cosa. Allí, en el campo, quedará claro si estamos (o no) dentro de estos lugares tan singulares.

Son dos regiones o países, según qué posición se tome, que sí tienen varias cosas en común. La más evidente es que, para el resto de los Estados que componen la ONU y que no son Nauru, Nicaragua, Rusia, Siria ni Venezuela, son parte de Georgia, una de las ex repúblicas soviéticas. Estamos en el Cáucaso, ese territorio de transición entre Europa y Asia que está compuesto por partes de Rusia, Turquía y tres países más: Armenia, Azerbaiyán y la ya mencionada Georgia. Al oeste, el mar Negro. Al este, el Caspio.

Si queremos llegar a Abjasia o a Osetia del Sur tendremos que atravesar controles fronterizos. Sí, lo mismo que sucede en Somalilandia y Chipre del Norte. Nuestro pasaporte podrá sumar un sello no muy tradicional, y para realizar transacciones nos convendrá valernos de la moneda que se usa en el ámbito local. No es el lari, que se emite en Georgia, sino el rublo ruso, lo que nos da una nueva pista de los vínculos de estos territorios.

Abjasia, donde vive casi un cuarto de millón de personas, tiene una superficie de 8600 kilómetros cuadrados, un poco menos que Puerto Rico. No es un destino turístico que atraiga a viajeros de todo el mundo, pero sí a muchos rusos. Su clima agradable, sus playas en la costa del mar Negro y sus precios accesibles lo hacen muy competitivo. De hecho, esta es la principal actividad económica de la región, que sufre un embargo internacional y que depende de la ayuda que llega desde Moscú.

Osetia del Sur alberga un poco más de 50.000 personas en un territorio que es menos de la mitad que el abjasio. Su geografía es más complicada: es una zona montañosa y no cuenta con atractivos turísticos de peso. La actividad económica más relevante es una agricultura no demasiado desarrollada. La dependencia de la ayuda rusa es aún mayor.

Estas dos regiones tienen algunos de los típicos problemas de las naciones que carecen de reconocimiento mayoritario en la comunidad internacional. Se enfrentan a dificultades para hacer crecer su economía y sus pasaportes no son reconocidos en casi ningún otro lugar.

Los problemas son muy variados. Obviamente incluyen aspectos culturales, y hay algunos ejemplos llamativos. Los abjasios y los surosetios, que reivindican sus propias naciones, no pueden tener selecciones de fútbol que sean reconocidas por la FIFA. Por eso se adhirieron a ConIFA, la Confederación de Asociaciones Independientes de Fútbol. Allí están afiliadas decenas de regiones y pueblos que compiten de forma independiente. Se enfrentan, por ejemplo, con seleccionados del Tíbet, Kurdistán, Rapa Nui o el Pueblo Gitano. Esta asociación organiza su Mundial de forma periódica, aunque con menos prensa y nivel que el de la FIFA. Hasta el momento, Abjasia es uno de los tres campeones del mundo. En 2016 derrotó en la final a Punyab y se llevó la copa al Cáucaso. La mejor actuación de Osetia del Sur fue dos años antes, cuando logró el cuarto puesto después de haber eliminado a Abjasia en cuartos de final.

AKARMARA LLEGÓ A TENER 25 000 HABITANTES Y HOY ES UNA CIUDAD FANTASMA.

Pero más allá del turismo y del fútbol poco convencional, Abjasia ofrece algunas curiosidades demográficas. No muchos lugares en el planeta cuentan con la mitad de la población respecto a hace un par de décadas, como en este caso. Son varios los poblados que pasaron de tener decenas de miles de habitantes a solo un puñado. Es el caso de Akarmara, una localidad que se dedicaba a la industria del carbón durante la época soviética. Llegó a tener 25 000 habitantes, ya que arribaron ingenieros y trabajadores desde distintas regiones. En aquel contexto era una ciudad abierta y con un alto nivel de vida. Sin embargo, las cosas cambiaron y hoy es un pueblo fantasma en donde residen solo 50 personas. Edificios deshabitados y vegetación que ha ido avanzando ante lo que ha encontrado componen el paisaje postapocalíptico del lugar.

La caída de Akarmara en particular se explica por el ocaso de la economía soviética. No obstante, la reducción de la población de Abjasia en general va mucho más allá y tiene su raíz en una cuestión histórica, que incluso nos permite comprender el extraño estado de situación de esta nación. En 1918, Georgia declaró su independencia, con Abjasia incluida. Tres años después las fuerzas soviéticas incorporaron la región al régimen comunista. En 1931 se declaró la autonomía de Abjasia, pero dentro de Georgia. Iósif Stalin, que era georgiano, dispuso que los abjasios tuvieran que adaptar su modo de vida. Ya no se daban clases en abjasio y se restringió mucho la cultura local. Estas medidas se atenuaron después de la muerte de Stalin.

Osetia del Sur también estaba dentro de Georgia en la época de la Unión Soviética, pero la situación no fue idéntica. Para empezar, si existe Osetia del Sur es esperable que haya también una Osetia del Norte. El mapa no nos defrauda: este lugar existe, pero nunca fue parte de Georgia, sino que administrativamente pasó a formar parte de la República Socialista Federativa Soviética de Rusia en el período comunista. Osetia del Norte, también conocida como Alania, cuenta con una mejor situación geográfica que la parte sur. Tiene recursos mineros y un suelo más fértil.

En el ocaso de la Unión Soviética, en 1991, Georgia declaró su independencia. Estaba incluido todo el territorio que hasta ese entonces se correspondía con la República Socialista Soviética de Georgia (ese mismo territorio que la comunidad internacional, en la actualidad, reconoce como Georgia). Sin embargo, ni los abjasios, que tenían un buen vínculo con Moscú en esta etapa, ni los surosetios, unidos culturalmente a sus vecinos del norte, quisieron quedar bajo el dominio de Tiflis. De esta forma, a la declaración de independencia de Georgia se sucedieron la de Osetia del Sur en 1991 y la de Abjasia al año siguiente, que se desvinculaban así de Georgia.

POBLACIÓN EN ABJASIA

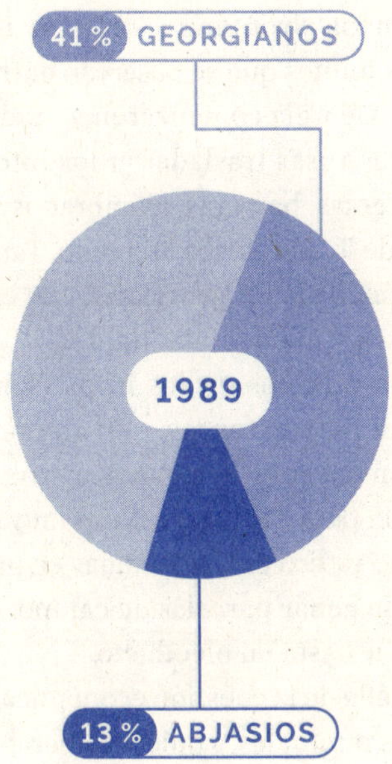

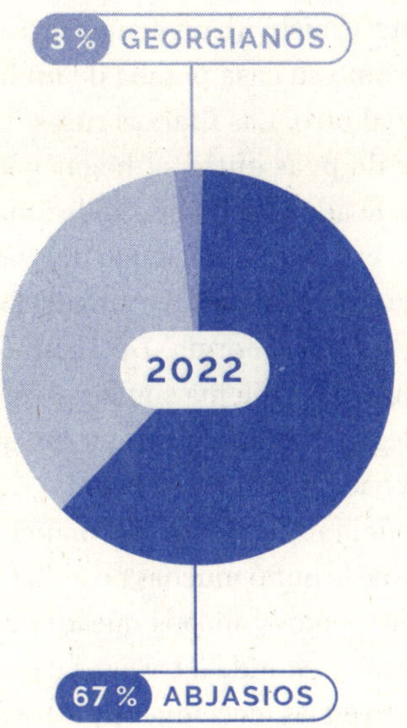

El gobierno central georgiano pretendió contrarrestar el separatismo en el oeste y el norte del país, lo que desencadenó dos conflictos militares cruentos. En el caso de Osetia del Sur la situación se resolvió con un alto al fuego en 1992, después de la intervención rusa. Desde ese momento la zona cuenta con una independencia de hecho, aunque no con reconocimiento internacional.

En el oeste los combates comenzaron en 1992. Al año siguiente los abjasios, apoyados por Rusia, reconquistaron la capital, Sujumi, pero durante ese año cometieron varias masacres contra la población local, en su gran mayoría civil y georgiana. El hecho fue calificado como una limpieza étnica y los datos demográficos son elocuentes. En 1989 los georgianos eran el 41 % de los pobladores de la región y los abjasios, el 13 %. Tres décadas después los georgianos representan solo el 3 % y los abjasios, el 67 %. Se calcula que 5000 personas fueron asesinadas y 250 000 georgianos étnicos fueron expulsados de sus hogares, lo que explica la depresión demográfica que sufrió Abjasia.

Los conflictos quedaron congelados durante un tiempo, con una Georgia que trataba de adaptarse al mundo postsoviético —al igual que el resto de las repúblicas que se independizaron en aquellos años— y sus dos regiones rebeldes que gozaban de autonomía de hecho, aunque con las complicaciones propias de no tener reconocimiento.

La tensión se reactivaría tres lustros después. En agosto de 2008 Georgia buscó recuperar por la fuerza Osetia del Sur y, poco después, también Abjasia. Sin embargo, Rusia apoyó a las regiones separatistas. ¿El resultado? En poco tiempo —se conoce como Guerra de los Cinco Días— tanto surosetios como abjasios lograron, con ayuda de los rusos, repeler la invasión georgiana.

Después de esta guerra Rusia aumentó la presión contra Georgia, que había ensayado un acercamiento a Estados Unidos, la Unión Europea y la OTAN. Moscú envió más tropas a las regiones separatistas y reconoció formalmente a Abjasia y a Osetia del Sur como países independientes.

A estas alturas los paralelismos entre este conflicto y el de Ucrania son evidentes. Dos ex repúblicas soviéticas que se acercaron a Occidente, con regiones separatistas apoyadas por Rusia y guerras que dejaron miles de muertos.

LAS FUERZAS RUSAS TRASLADARON LOS HITOS E INSTALARON CERCAS, BARRERAS, ALAMBRADOS Y ZANJAS MÁS ALLÁ DE LO QUE ESTABA ASENTADO.

La cuestión es que, acostumbrada a lidiar con conflictos de territorios, Rusia implementó también técnicas menos convencionales. Una es la llamada "fronterización" y se inició en 2013. Los límites que se observan entre Osetia del Sur y Georgia comenzaron a modificarse: las fuerzas rusas trasladaron los hitos e instalaron cercas, barreras, alambrados y zanjas más allá de lo que estaba asentado. También se detuvo a ciudadanos georgianos que cruzaban esos nuevos y unilaterales límites.

Estos cambios en los hitos fronterizos no fueron muy extensos —en algunos casos constaban tan solo de algunos metros—, pero sí bastaron para dar lugar a casos muy particulares. Uno radica en las ventajas económicas: además de ganar parcelas de campo, pasaron a controlar hasta un oleoducto.

Más allá de la cuestión económica o de los detenidos puntuales, a quienes liberaban poco después, hubo alguien que sufrió en primera persona esta "fronterización". De un día para otro, Data Vanishvili, un octogenario georgiano, vio cómo su casa pasaba de un lado de la frontera al otro. Las fuerzas rusas instalaron alambre de púas entre su hogar y su patria. Además, le advirtieron que si decidía salir de su casa y cruzar la cerca no lo dejarían regresar, ya que era una zona controlada por Osetia del Sur, no por Georgia. De alguna manera, se enfrentó a un dilema similar al de miles de bangladesíes e indios, que tuvieron que elegir entre su nacionalidad y su hogar.

El anciano optó por permanecer en su casa, lo que le quitó muchas posibilidades. Dependía de vecinos y amigos, que le llevaban medicamentos y comida a través del alambrado. Hasta votó en las elecciones de 2018 por enci-

El lago Ritsa, en plena región de Abjasia.

ma del alambre de púas, gracias a que le acercaron la urna. Como contrapartida, Vanishvili se encargaba del cuidado de las tumbas de los familiares de sus vecinos y amigos, ya que había quedado en el mismo lado que el cementerio del pueblo. Vanishvili falleció en 2021 a los 88 años, pero su historia nos permite conocer maneras impensadas en las que un conflicto entre gobiernos puede afectar a las personas.

Mientras tanto, Abjasia y Osetia del Sur permanecen en un limbo en el que tienen autoridades y controlan sus fronteras, pero con un alto grado de dependencia de Rusia. Al mismo tiempo, casi ningún otro país del mundo entabla relaciones de igual a igual. Solo Nauru, Nicaragua, Siria y Venezuela se sumaron a Rusia y reconocieron sus independencias. Cinco países que pueden ser muy distintos, pero que comparten esa posición diplomática.

ALEMANIA
BÉLGICA
N
O
E
S

CAPÍTULO 10

VENNBAHN, LA CICLOVÍA ENCLAVADA

Una estrecha franja belga rodeada por Alemania.

Una casa completamente flanqueada por otro país.

El mejor plan sobre dos ruedas.

Una persona pedalea en Bélgica. Si continúa por el carril en el que está, seguirá en ese país durante 23 kilómetros. Sin embargo, si se traslada unos pocos metros hacia la derecha o hacia la izquierda, ingresará en Alemania. Recursos naturales, ferrocarriles, bicicletas y hasta los nazis: habrá que recurrir a todo eso para comprender esta locura limítrofe que existe en el corazón de Europa.

Alemania y Bélgica comparten una frontera de 167 kilómetros de extensión. Hay ríos que actúan como límites naturales en algunos tramos, pero en otros observamos una particularidad única en el mundo, que genera que existan cinco porciones de territorio alemán desconectadas del resto. Es decir, cinco exclaves: para ir desde allí a otro punto de Alemania tendremos que pasar por Bélgica.

Durante el siglo 19 toda esta zona era parte de Prusia, y en 1871 se convirtió en el Imperio alemán. Para favorecer la integración de esta nación nueva se decidió construir un ferrocarril llamado Vennbahn. Era algo muy frecuente en aquella época: algo similar, aunque con varios miles de kilómetros más de extensión, hicieron Rusia con el Transiberiano y Estados Unidos con el ferrocarril transcontinental.

En este caso la idea era unir la ciudad de Aquisgrán con el norte de Luxemburgo, que tenía una incipiente industria de acero, clave en aquellos días. En la década de 1880 se inauguraron los primeros tramos, y el Imperio alemán continuaba con su expansión. Sin embargo, todo cambió con la Primera Guerra Mundial. Tras la derrota, los alemanes tuvieron que ceder varios territorios a países vecinos, lo que se dispuso en el Tratado de Versalles. Bélgica recibió las ciudades de Eupen y Malmedy y las zonas linderas. Para estos lugares el Vennbahn era crucial por la conectividad que brindaba. Por eso Bélgica reclamó toda la línea ferroviaria, que en otros tramos seguía siendo alemana. Pretendían que el tren no cambiara constantemente de país entre una estación y otra.

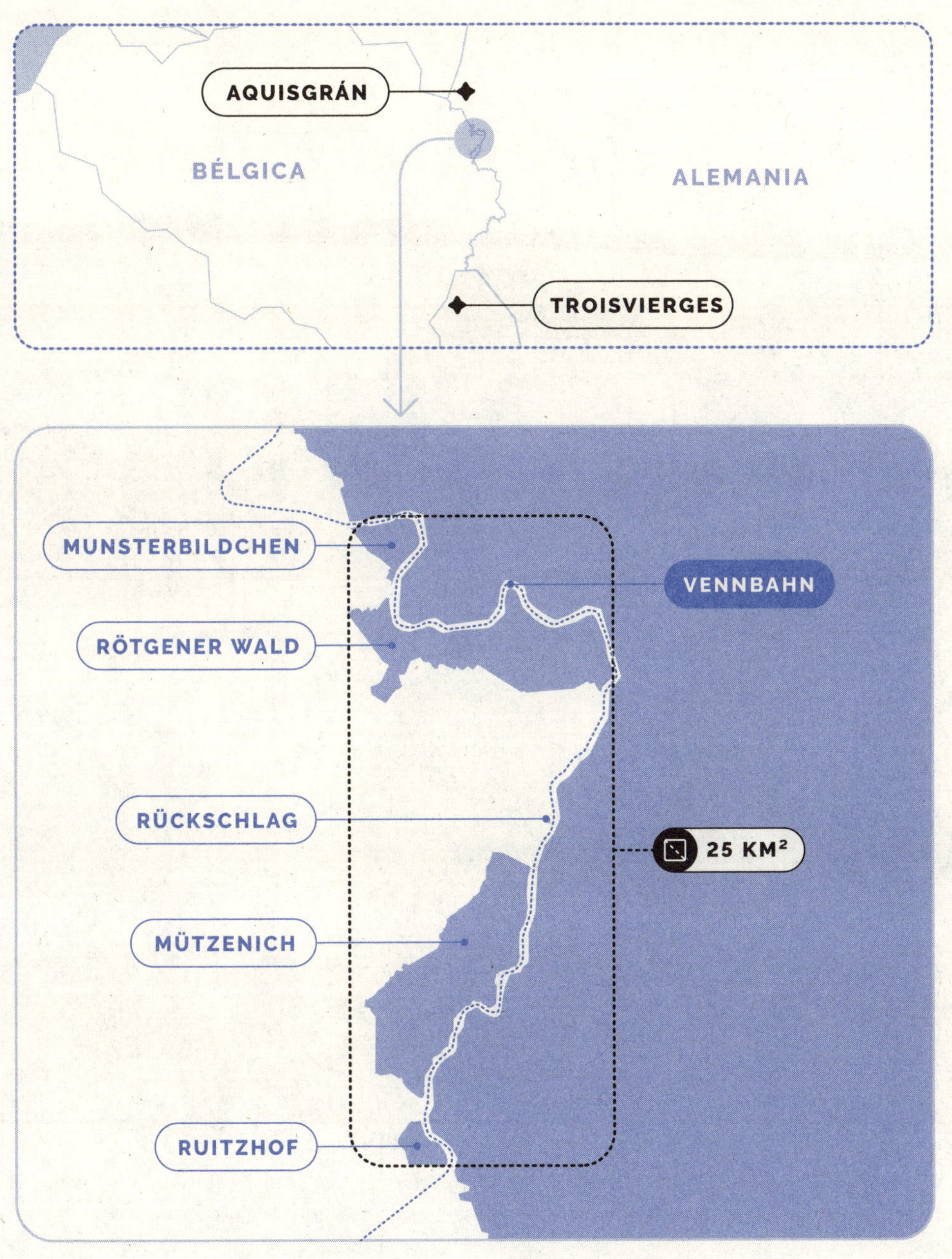
AQUISGRÁN
BÉLGICA
ALEMANIA
TROISVIERGES
MUNSTERBILDCHEN
VENNBAHN
RÖTGENER WALD
RÜCKSCHLAG
25 KM²
MÜTZENICH
RUITZHOF

La ciclovía, en pleno corazón de Europa.

EL MÁS FANTÁSTICO DE TODOS LOS ENCLAVES ES RÜCKSCHLAG: SE TRATA DE UNA CASA CON UN JARDÍN.

En 1920 una comisión internacional de demarcación fronteriza llegó a una resolución. Estaba compuesta por franceses, ingleses, italianos y japoneses y determinó que toda la línea ferroviaria y sus estaciones debían quedar en manos de Bélgica. De esta forma, el trazado del tren, muy cercano a la frontera, se oficializó como territorio belga, por más que hacia el oeste quedaran algunos terrenos alemanes.

En la Segunda Guerra Mundial las fuerzas comandadas por Adolf Hitler reconquistaron la zona y durante un tiempo todo volvió a manos germanas. No obstante, cuando terminó el conflicto bélico una vez más tuvieron que devolver territorios y se regresó a la situación anterior, con el ferrocarril belga infiltrado en tierras alemanas.

Después de algunos ajustes fronterizos acordados en la década de 1950 se llegó a la situación actual, en la que hay cinco enclaves alemanes dentro de Bélgica. En total son unos 25 kilómetros cuadrados, lo que equivale a una octava parte de la ciudad de Buenos Aires o a una milésima parte de la isla italiana de Sicilia.

Los dos más extensos son Rötgener Wald y Mützenich. El que está más al norte es Münsterbildchen, y en el extremo sur se ubica Ruitzhof. Sin embargo, el más fantástico de todos es Rückschlag: es una casa con un jardín que tiene una extensión de 1,6 hectáreas. Sus habitantes viven en Alemania, pero al salir de su hogar no tienen alternativa e ingresan sí o sí en territorio belga. Desde 1929 la propiedad pertenece a la familia Call. Actualmente allí vive Dieter, un artista plástico alemán que heredó la casa de sus abuelos.

De regreso a la cronología, la línea ferroviaria, que había sido clave, comenzó a perder relevancia. El siglo 20 avanzaba y se transportaban menos pasajeros y mercancías. En 1989 —buen año para hablar de Alemania y sus fronteras— se cerró la línea, que solo quedó operativa para algunos servicios turísticos durante los siguientes doce años.

Ya sin trenes que circularan por esas vías de manera asidua, se especuló con la posibilidad de que Bélgica tuviera que ceder esas tierras a Alemania. Si eso se concretaba, se eliminaría la estrecha franja que originaba los enclaves. Sin embargo, ambos países estuvieron de acuerdo en conservar la situación, por lo que no hubo ninguna modificación fronteriza.

Lo que sí cambió fue el paisaje del Vennbahn: entre 2007 y 2008 se levantaron todos los rieles. Se puso punto final a la historia ferroviaria y se diagramó una extensa ciclovía. Actualmente son 125 kilómetros de bicisenda los que unen Aquisgrán, en Alemania, con Troisvierges, en Luxemburgo. La carretera pasa, obviamente, por Bélgica, incluido el tramo en el que solo la ciclovía corresponde a ese país; es decir, que vamos en bicicleta por tierras belgas, pero unos metros hacia la derecha y hacia la izquierda lo que vemos es Alemania.

Esto genera situaciones extrañas, ya que las leyes y autoridades de los dos países son distintas. No hay controles aduaneros, ya que ambos Estados pertenecen a la Unión Europea y forman parte del Acuerdo de Schengen, pero las regulaciones de tráfico son diferentes. En el caso de que haya un accidente en la ruta puede suceder una situación por lo menos llamativa. Se debe avisar al teléfono internacional de emergencia y hay que informar de la ubicación exacta para que las autoridades sepan quién debe acudir. En varios tramos de ruta belga es probable que sean los alemanes quienes puedan llegar primero. De esta forma, los servicios de rescate pueden actuar y socorrer, si es necesario, hasta que lleguen los del otro país. Sin embargo, las autoridades alemanas no pueden intervenir en cuestiones penales que hayan sucedido en tierras belgas.

De cualquier modo, el recorrido del Vennbahn se ha vuelto muy atractivo para los amantes de las bicicletas. Se trata de una forma más de hacer turismo y de conocer nuevos lugares. En este caso es una ruta que está en buenas condiciones: la mayor parte está asfaltada y hasta se pueden contratar paquetes turísticos con servicios incluidos. El recorrido propuesto para unir Aquisgrán con Troisvierges incluye paradas en Raeren, Monschau, Waimes, Sankt Vith y Burg-Reuland. Se prevén alrededor de 20 kilómetros por día sin una gran pendiente, por lo que no hace falta ser un ciclista experto para encarar la expedición. Se podrán conocer paisajes bucólicos mientras se pedalea y a la vez quedará tiempo para recorrer las ciudades durante el resto del día.

ENTRE 2007 Y 2008 SE PUSO PUNTO FINAL A LA HISTORIA FERROVIARIA Y SE DIAGRAMÓ UNA EXTENSA CICLOVÍA.

Actualmente Vennbahn forma parte de EuroVelo, una red de rutas ciclistas de larga distancia que atraviesan Europa. En total llegan a los 56000 kilómetros. Son varios los caminos que están preparados para ser transitados sobre dos ruedas, y los amantes de las bicicletas podrán hacer este tipo de turismo en diversos lugares. Por ejemplo, se puede ir por el margen del río Danubio durante 1000 kilómetros y pasar por varias capitales, como Viena, Bratislava, Budapest y Belgrado. Otro recorrido privilegiado para hacer junto al margen de un río es el del Rin. Podemos iniciarlo en Basilea, en Suiza, y dirigirnos a Estrasburgo, en Francia, luego a Colonia, en Alemania, y finalizar el recorrido en Róterdam, en los Países Bajos, después de haber completado más de 700 kilómetros. Sin duda, la panacea para los amantes de las bicicletas son los Países Bajos. Cuentan con 15000 kilómetros de ciclovías, por lo que las posibilidades tienden a infinito.

Sin embargo, ninguno de estos trayectos será tan particular como el heredado del ferrocarril Vennbahn: pedalear en tierras belgas pero con paisajes, a diestra y siniestra, alemanes.

CHINA
REGIÓN
AUTÓNOMA
DEL TÍBET
N
O
E
S

CAPÍTULO 11

TÍBET, ENTRE LA LIBERACIÓN Y LA OPRESIÓN

Una resistencia que dura décadas.

Las alternativas para una región dominada.

Todos los récords en el techo del mundo.

Es esperable que los lectores de este libro se hayan topado en algún momento con la consigna de liberar al Tíbet o con las protestas en distintos puntos del globo respecto a este lugar. Sin embargo, así como algunos argumentan que se encuentra oprimido, otros creen que los tibetanos fueron liberados de la servidumbre y el atraso hace ya varias décadas.

En principio, cuando hablamos del Tíbet podemos referirnos a distintas realidades. Por un lado, es una región histórica ubicada en Asia y poblada, justamente, por los tibetanos. Políticamente, la Región Autónoma del Tíbet es una entidad que pertenece a China. No obstante, la parte de autónoma parece quedar más en el nombre que en la forma en la que se organiza en la práctica. La región que pertenece a China es aproximadamente la mitad de la zona histórica. De todas formas, es gigante. De hecho, está en el puesto 14 de las entidades subnacionales más grandes del mundo. Tiene una superficie solo un poco más pequeña que la de Perú. Si fuera un país independiente, sería el vigesimocuarto más grande, por encima de Sudáfrica y Colombia.

Históricamente ha sido una zona muy poco poblada y, algo atenuado, esto se mantiene hasta nuestros días. El Tíbet tiene solo 3,6 millones de habitantes, por lo que su densidad de población es muy baja: de promedio viven 2,2 personas por kilómetro cuadrado. Este registro es similar al de países como Australia o Namibia y solo está un poco por encima del de Mongolia, la nación menos densamente poblada del planeta.

LA DENSIDAD DE POBLACIÓN ES MUY BAJA. EL 9 % DE LA POBLACIÓN CHINA VIVE EN EL 60 % DEL TERRITORIO DEL PAÍS.

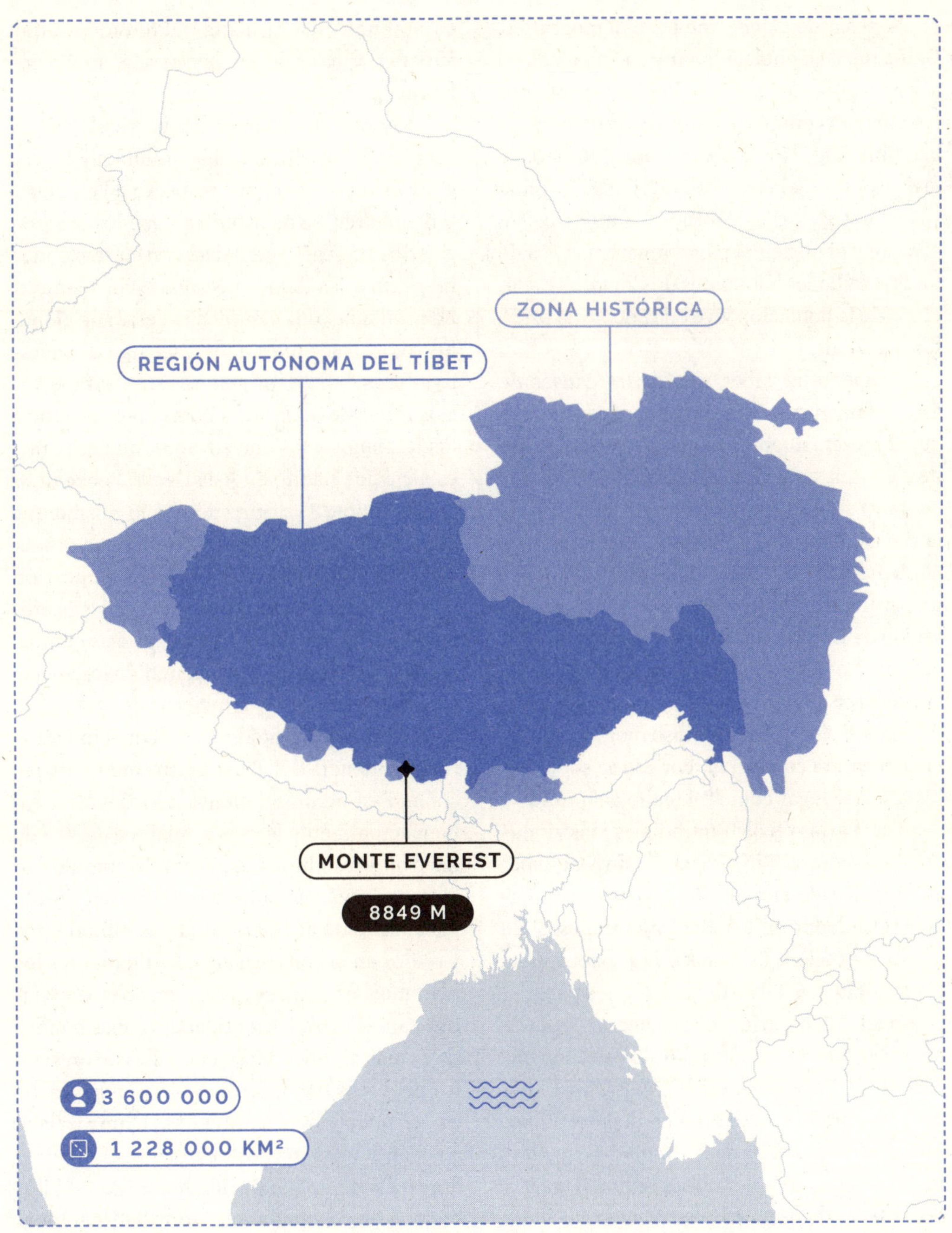
ZONA HISTÓRICA
REGIÓN AUTÓNOMA DEL TÍBET
MONTE EVEREST
8849 M
3 600 000
1 228 000 KM²

A pesar de su enorme peso demográfico, China tiene su población muy concentrada en el este y el sur del país. De hecho, si tomamos las cuatro regiones autónomas, que son Tíbet, Sinkiang, Mongolia Interior y Ningxia, y las tres provincias de Heilongjiang, Qinghai y Gansu, todas ellas contiguas y ubicadas en el oeste y el norte del país, sumaremos 123 de los 1411 millones habitantes de China. Es decir, el 9 % de la población vive en el 60 % del territorio del país.

Respecto al Tíbet, una de las causas de este aislamiento es su condición geográfica, ya que la meseta tibetana tiene sus particularidades. Es una superficie enorme, de alrededor de 2500 y 1000 kilómetros por lado, donde la elevación promedio es nada menos que de 4500 metros sobre el nivel del mar. Para tener un parámetro, el Mont Blanc es la mayor elevación de Europa Occidental y llega a los 4805 metros. No debe sorprender entonces que se encuentren allí muchos de los picos más altos del planeta, incluido el famoso monte Everest, en la frontera con Nepal. Por eso se suele hablar de este lugar como "el techo del mundo".

Hay varios récords mundiales más vinculados a la altura. El ferrocarril Qinghai-Tíbet es considerado el más alto. El paso de Tanggula, alrededor de los 5072 metros, es el de mayor elevación. En la lista de los aeropuertos más altos el Tíbet tiene dos puestos en el podio: el de Shigatse y el de Qamdo superan los 4300 metros de altura. Solo está por encima el de Daocheng, también en China, que fue inaugurado en 2013. La capital del Tíbet, Lhasa, se sitúa a más de 3600 metros de altura. Si en algún momento esta región llegara a ser independiente, Lhasa se convertiría en la capital nacional más alta del mundo, ya que supera por unos pocos metros a la ciudad boliviana de La Paz.

Vivir en un entorno tan particular no es sencillo. A esa altura la disponibilidad de oxígeno es un 40 % menor respecto a la llanura. Sin embargo, se ha estudiado que los originarios de esta región contaban con cierta ventaja respecto a las demás personas. Por ejemplo, no producían una cantidad excesiva de glóbulos rojos. Hace unos años un grupo de investigadores halló el origen de esta ventaja. Varios miles de años atrás hubo un cruce entre los humanos y los denisovanos, que eran una especie que habitó en Asia Central hace unos 50 000 años. Es decir, sucedió lo mismo que con los neardentales, que también se cruzaron con nuestros antepasados. La cuestión es que los denisovanos tenían un gen específico que los hacía adaptarse mejor a ese entorno. Gracias a ese mestizaje también los ancestros de los tibetanos obtuvieron ese gen.

De cualquier modo, la reclamación de la independencia del Tíbet seguramente ha resonado en algún momento a los lectores. Si bien actualmente la región aparece dentro de las fronteras chinas para toda la comunidad internacional, esto no siempre fue así. Desde hace miles de años ha habido asentamientos y reinos en la zona. En algunos momentos los tibetanos se autogobernaron; en otros estuvieron bajo la órbita de entidades chinas o mongolas más amplias. Hace poco más de un siglo los tibetanos habían conseguido, en la práctica, su independencia. Mientras China lidiaba con conflictos internos y externos, el Tíbet no dependía de lo que decidían a miles de kilómetros de distancia. La identidad nacional era relativa, ya que distintos grupos, varios de ellos nómadas, poblaban la región. Esta situación se extendió desde 1913 hasta 1951.

En la sexta década del siglo 20 Pekín comenzó a ejercer una mayor presión. Si bien China no era en ese entonces la potencia que conocemos hoy, sí tenía un poderío, sobre todo demográfico, capaz de doblegar a los tibetanos, que contaban con técnicas y armamentos rudimentarios. A pesar del apoyo externo —sobre todo desde la isla de Taiwán, donde se había instalado el gobierno de la República de China enfrentado a Mao Zedong—, los tibetanos perdieron su independencia. Las fuerzas comunistas lograron controlar el territorio, aunque hubo cierta negociación. En esta etapa radica el carácter de autonomía que, se supone, tiene la región.

En ese entonces tomó protagonismo internacional una figura que persiste hasta nuestros días: Tenzin Gyatso, más conocido por ser el decimocuarto dalái lama. Tenía solo 15 años en ese momento, pero ya ejercía todo el poder espiritual y político al frente del pueblo tibetano. De hecho, fue el encargado de firmar en 1951 el acuerdo con las autoridades chinas que sellaba la incorporación del Tíbet. Sin embargo, las tensiones con el gobierno chino no cesaron. Los comunistas querían tener un mayor dominio del territorio, mientras que los tibetanos pretendían recuperar su independencia. Ocho años después de la invasión el dalái lama, acorralado por la situación, cruzó la frontera y se escapó a India, donde permanece hasta nuestros días. Desde el exilio nunca dejó de ser un líder para su pueblo y trató de buscar soluciones al conflicto sin recurrir a la violencia.

Para los tibetanos la situación se hizo cada vez más compleja. Decenas de miles también optaron por el exilio y trataron de hacer oír sus voces. Los que permanecieron vieron como el gobierno central reducía sus derechos: por momentos no pudieron hacer uso libremente de su cultura, su religión y su idioma, distintos a los del este de China.

EL TECHO DEL MUNDO

FERROCARRIL **QINGHAI-TÍBET**

5072 M

AEROPUERTO DE **SHIGATSE**

4300 M

AEROPUERTO DE **QAMDO**

4334 M

Años después hasta el propio dalái lama renunció al intento de recuperar la soberanía completa del territorio y aseguró que se conformaba con una mayor autonomía, siempre asentado en una posición pacifista. Veía plausible un régimen más libre y democrático que el del resto de China, más parecido al estatus de Hong Kong. No solo esto no sucedió, sino que muchos tibetanos más radicalizados expresaron su descontento por la tibieza de la posición. De hecho, hace algunos años hubo una ola de protestas que terminaron con decenas de quemados a lo bonzo. Estas inmolaciones tenían como objetivo despertar la conciencia en el extranjero de la realidad de los tibetanos, víctimas de violaciones de derechos humanos.

China, en cambio, ha argumentado históricamente que la invasión fue en realidad una liberación pacífica. Sostiene que existía un sistema cercano a la servidumbre y que la administración de Pekín permitió a los tibetanos crecer y desarrollarse. Para el gobierno chino el Tíbet no solo es un territorio enorme, sino también una gran fuente de recursos naturales, como litio, uranio y agua.

Sin embargo, se hacen evidentes algunas complicaciones por las decisiones tomadas en Pekín. Por ejemplo, el huso horario del Tíbet está completamente desfasado. En todo el país tienen la misma hora, lo que genera consecuencias insólitas. Como muestra, si nos encontramos en el Tíbet y cruzamos la frontera oriental hacia Pakistán, tendremos que ajustar tres horas nuestros relojes. En verano, cuando los días son más largos, el sol sale a las 7:35 de la mañana y se pone casi a las 10 de la noche. Cuando son más cortos, en invierno, también vemos como se mueven los horarios: el amanecer se produce a las 9:40 de la mañana y el atardecer, a las 7:45 de la tarde.

Gendun Chökyi Nyima, presente en las protestas tibetanas.

Si miramos hacia el futuro, el escenario no se avizora muy alentador para las aspiraciones de mayor autonomía tibetana. No existe apoyo internacional y China controla la situación incluso en lo demográfico: mientras que muchos tibetanos se exiliaron, arribaron a la región muchos chinos de la etnia han, que es la mayoritaria en el país. Con el tiempo, aspiran en Pekín, las fuerzas demográficas inclinarán más la balanza para que las reclamaciones tibetanas sigan disminuyendo.

Un capítulo clave de la disputa se producirá cuando muera Gyatso, quien tiene 89 años. Si bien hace una década renunció a su liderazgo político y solo conserva el espiritual, es una figura conocida en todo el mundo. Además, los especialistas señalan que la elección del nuevo dalái lama no será fácil: mientras que los tibetanos tienen su método para identificar la reencarnación, se especula con que los chinos buscarán elegir a uno que sea amigable con el régimen de Pekín.

EN PEKÍN ASPIRAN A QUE LAS FUERZAS DEMOGRÁFICAS INCLINEN MÁS LA BALANZA PARA QUE LAS RECLAMACIONES TIBETANAS SIGAN DISMINUYENDO.

Ya hubo dos nombres propios que despertaron tensión y curiosidad, según el caso. El primero fue Gendun Chökyi Nyima. Nació en 1989 y el dalái lama determinó que era el panchen lama, es decir, el número dos como autoridad budista. Pero en 1995, cuando tenía 6 años, fue desaparecido por el gobierno chino. No se supo más de él, salvo alguna mínima información oficial que indicaba que era un joven que llevaba una vida corriente. Solo existe una fotografía de Nyima, que aparece en las protestas internacionales sobre este asunto.

El otro nombre propio llamativo es el de Osel Hita. Se trata de un español que nació en 1985 y que fue reconocido como la reencarnación de un importante lama. Se crio en India, rodeado de monjes budistas, pero cuando cumplió 18 años se hartó de esa vida, se mudó a Ibiza, cambió sus costumbres y comenzó a estudiar cine. De todas formas, luego admitió que había permanecido cercano al budismo.

De cualquier modo, conocer el Tíbet hoy nos permite establecer un acercamiento a la diversidad de China. Es un pueblo que ha resistido, que ha luchado por su tierra y que tiene su propia cultura. Liberación, asimilación y opresión son palabras que pueden definir lo que ha sucedido en una región muy particular, que nos recuerda que no todo lo que vemos dentro de los límites de un país en un mapa es equiparable. ●

N
O
E
S

CAPÍTULO 12

TRIFINIOS, DONDE CONFLUYEN DOS FRONTERAS

Los puntos exactos en los que confluyen tres Estados.

Récords, marcas y excepciones.

Paisajes únicos y monumentos algo particulares.

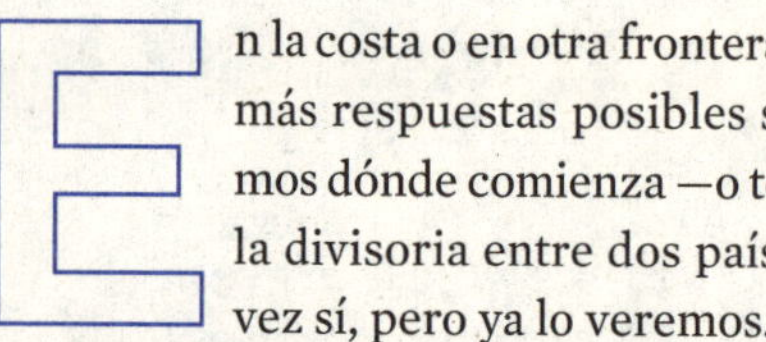

En la costa o en otra frontera. No hay más respuestas posibles si pensamos dónde comienza —o termina— la divisoria entre dos países. O tal vez sí, pero ya lo veremos.

El primer caso es bastante simple: dos Estados comparten un límite hasta que llegamos al mar. Pensemos, por ejemplo, en los extremos de Costa Rica: tanto al norte, con Nicaragua, como al sur, con Panamá, sus fronteras van desde el Pacífico hasta el Caribe. Lo mismo sucede entre España y Portugal o entre Indonesia y Papúa Nueva Guinea: vamos desde una costa hasta la otra.

En la segunda posibilidad, la que nos ocupa en este apartado, una frontera internacional concluye cuando comienza otra. Uno de los dos países involucrados deja de ser protagonista y se suma otro. En ese punto exacto ubicamos las triples fronteras, también conocidas como trifinios. Pensemos, en Austria: este país europeo sin salida al mar cuenta con nueve trifinios que comparte con sus ocho limítrofes: Alemania, Chequia, Eslovaquia, Hungría, Eslovenia, Italia, Suiza y Liechtenstein.

HAY 172 TRIFINIOS EN EL PLANETA: 61 EN ÁFRICA, 48 EN ASIA, 48 EN EUROPA, 15 EN AMÉRICA Y CERO EN OCEANÍA.

Hay muchas triples fronteras en todo el globo. No es fácil determinar cuántas son, ya que se pueden establecer distintos criterios, sobre todo a la hora de reconocer o no a un determinado país. Por ejemplo, en la práctica existe una frontera entre Transnistria y Moldavia, a pesar de que casi nadie la reconoce oficialmente, ya que la comunidad internacional considera que Transnistria forma parte de Moldavia. Pero si tomamos ese límite, que existe de hecho, hay una triple frontera entre Transnistria, Moldavia y Ucrania.

Según nuestro criterio hay 172 trifinios en el planeta. De ese total, 61 se encuentran en África, 48 en Asia, 48 en Europa, 15 en América y cero en Oceanía. Pero ya hemos avisado: la pauta es propia e incluye alguna arbitrariedad difícil de esquivar. Se cuentan los de la República Árabe Saharaui Democrática y Kosovo, pero no los de Abjasia y Osetia del Sur.

Podríamos clasificar los trifinios de distintas maneras. Algunos surgen de la confluencia de límites geográficos que se referencian en líneas imaginarias. Hay varios ejemplos en el norte de África: la triple frontera entre Argelia, Mauritania y Mali se ubica en el desierto del Sahara, figurativamente en medio de la nada. Lo contrario sucede con otros trifinios que tienen un vínculo directo con la naturaleza. En algunos casos se trata de lugares increíbles.

Una de las triples fronteras más famosas es la que une a Paraguay, Brasil y Argentina. Se sitúa en la confluencia de los ríos Iguazú y Paraná y cada uno de los tres países tiene un hito que celebra la unión de las tres naciones. Unos 20 kilómetros hacia el este se ubican las cataratas del Iguazú, uno de los escenarios naturales más increíbles del mundo, así que aquellos que viajen a conocer las cataratas muy fácilmente podrán visitar tres países distintos. De hecho, existe un centro urbano cercano en cada país: Ciudad del Este, Foz de Iguazú y Puerto Iguazú, respectivamente.

También en Sudamérica, otro trifinio muy particular es el que une a Brasil, Venezuela y Guyana. Se trata del monte Roraima, que es una de las formaciones geológicas más antiguas de la Tierra y llega a los 2800 metros sobre el nivel del mar. Aunque vale la aclaración: para Venezuela no existe en este punto una triple frontera, ya que reivindica como propia buena parte del territorio que en la práctica controla Guyana. Es la zona conocida como Guayana Esequiba, que ha merecido un capítulo aparte en este libro.

En otras partes del mapa también encontramos paisajes increíbles. Un ejemplo es el pico Jongsong, una inmensa montaña que pertenece a la cordillera de los Himalayas. Alcanza los 7462 metros de altura y divide en un solo punto a Nepal, China e India. Sin embargo, no es el único trifinio que separa a estos tres países. Hacia el oeste hay otro, también en los Himalayas. En este caso es más difícil la demarcación, ya que se trata de una frontera disputada la que divide a China e India en esta sección.

Hay más casos en los que tres países comparten más de un trifinio. De hecho, sucede en otras ocho ocasiones. Similar al caso de Nepal es el de Bután, que comparte dos trifinios con China e India. Cerca, también en Asia, hay dos trifinios compartidos por Mongolia, Rusia y China. El más oriental de los dos es algo extraño: tiene un monumento despegado del suelo que se apoya en los tres países.

Volviendo a los países que tienen más de un trifinio compartido, en África hay un solo caso. Involucra a un Estado muy pequeño, Esuatini, que está rodeado por dos más grandes, Sudáfrica y Mozambique.

Otros tres ejemplos están en Europa. Uno en el este, entre Ucrania, Rumanía y Moldavia. Los otros dos incluyen a países muy pequeños: Liechtenstein comparte dos trifinios con Suiza y Austria y Andorra está rodeada por Francia y España.

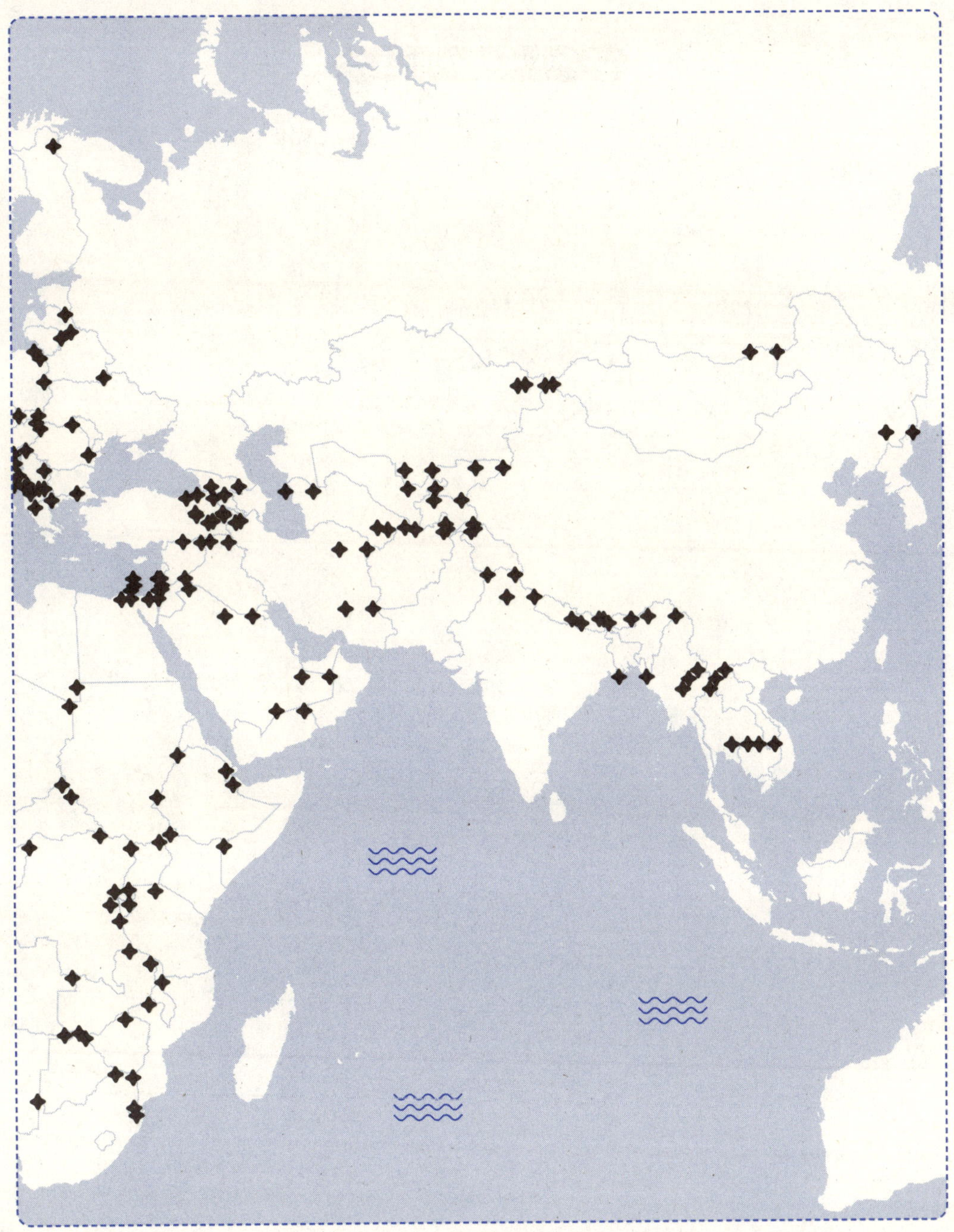

TRIFINIOS DOBLES

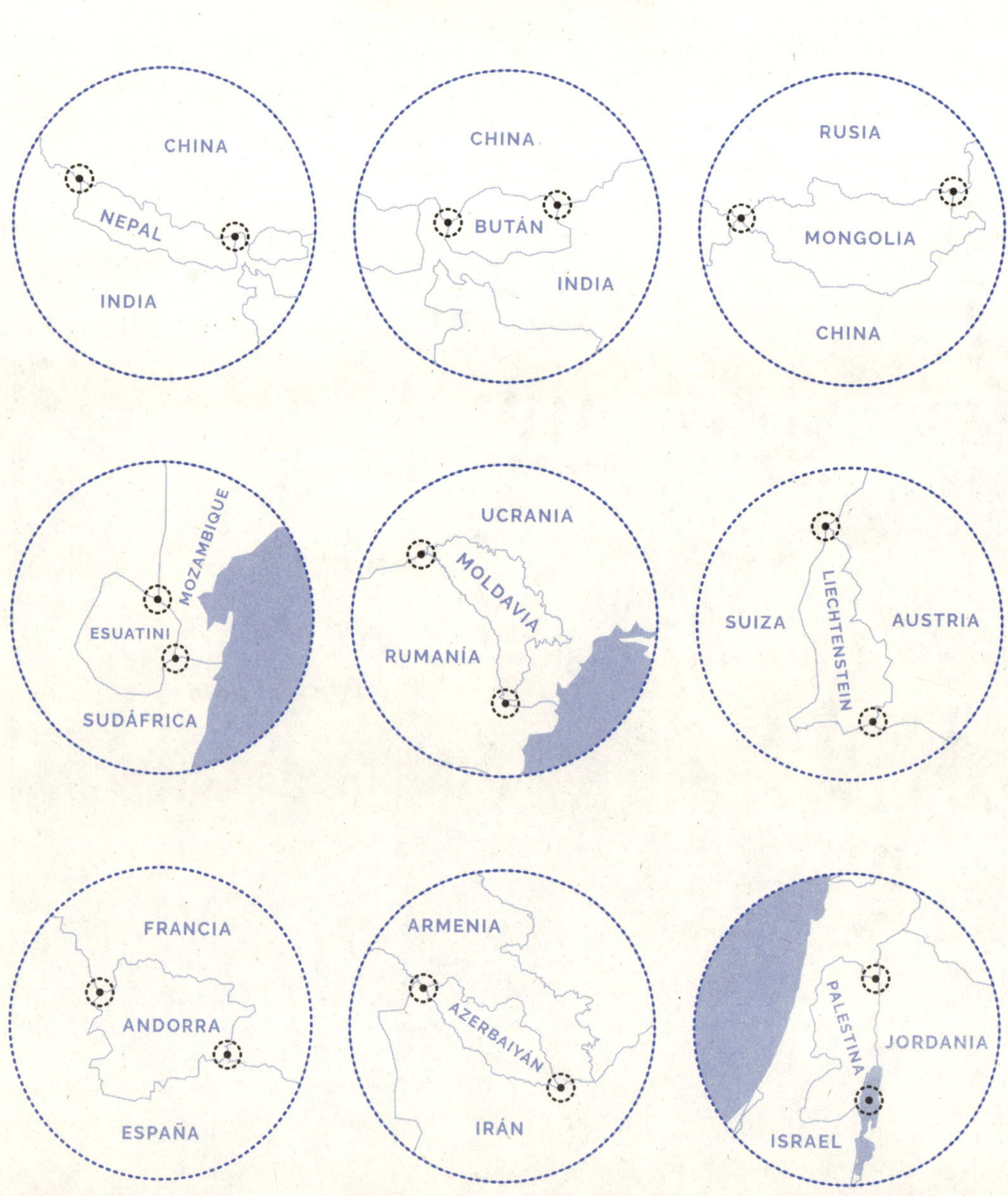

Otro trío de países con más de un trifinio es el formado por Armenia, Azerbaiyán e Irán. En este caso se explica por la República Autónoma de Najicheván, un exclave azerí. El último caso es una zona de fronteras calientes: Israel, Jordania y Palestina cuentan con dos trifinios en común. Uno está en medio del mar Muerto y otro unos 30 kilómetros al norte, y en ambos casos la parte palestina involucrada es Cisjordania.

El tamaño de los países no tiene un vínculo directo con la cantidad de triples fronteras con las que cuentan. Es cierto que Rusia tiene 11 trifinios y China ostenta el récord con 16 y son países enormes. Sin embargo, de los seis países más extensos del planeta, tres no tienen ni una triple frontera. Australia no tiene límites terrestres con ningún país, así que no hay mucho que aclarar. Estados Unidos tiene dos fronteras: con México en el sur y con Canadá en el norte, y están muy lejos de acercarse. Justamente Canadá es el tercero: además de la frontera con Estados Unidos, la más extensa del planeta, desde 2022 tiene un pequeño límite con Dinamarca en la isla Hans.

Casi todos los países que tienen más de dos territorios limítrofes cuentan con un trifinio. Solo hay tres excepciones. Una es el Reino Unido. Cuenta con fronteras con Irlanda, en las islas británicas; España, en Gibraltar; y Chipre, por las bases Akrotiri y Dekelia. No obstante, si reconociéramos a Chipre del Norte como un país independiente, allí se formaría una triple frontera.

Otro país con más de dos fronteras pero ningún trifinio es Indonesia. Limita con Papúa Nueva Guinea, Timor Oriental y Malasia en distintas islas. Y justamente el otro país que falta mencionar es Malasia. Además de su límite con Indonesia, tiene fronteras con Brunéi, Singapur y Tailandia. Es decir, cuatro fronteras distintas pero ningún trifinio.

TRIFINIOS NATURALES

PARAGUAY · BRASIL · ARGENTINA

CATARATAS DEL IGUAZÚ

VENEZUELA · GUYANA · BRASIL

MONTE RORAIMA

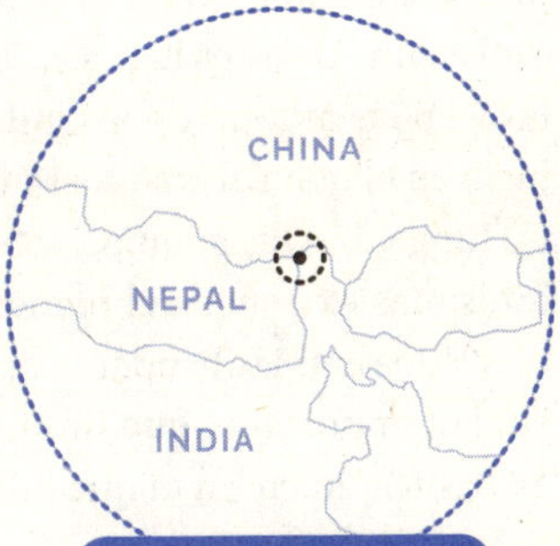

CHINA · NEPAL · INDIA

PICO JONGSONG

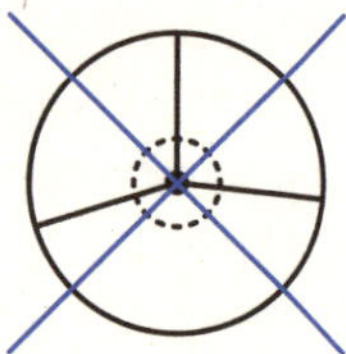

SOLO HAY TRES PAÍSES QUE TIENEN MÁS DE DOS TERRITORIOS LIMÍTROFES PERO NINGÚN TRIFINIO: EL REINO UNIDO, INDONESIA Y MALASIA.

Hay varias triples fronteras más que llaman la atención. Una sola capital en el mundo está en uno de estos lugares. Se trata de Bratislava: en las afueras de la ciudad está el punto justo en el que Eslovaquia se toca con Austria y Hungría. Allí, además, vemos uno de los hitos más extraños del planeta: una mesa de tres lados con las banderas de cada país. Otra ciudad importante que limita con dos países es Basilea, lugar en el que Suiza se junta con Francia y Alemania.

A unos kilómetros de allí se encuentra la triple frontera entre Alemania, Suiza y Austria. Es uno de los pocos casos en los que se habla el mismo idioma en los tres márgenes, en este caso el alemán. Varios de los otros ejemplos están en América Latina. El Salvador, Honduras y Guatemala comparten, además del idioma, la reserva de la biosfera Trifinio-Fraternidad. En Sudamérica hay otros cuatro trifinios en los que se habla castellano en cada margen. Implican, según el caso, a Colombia, Ecuador, Perú, Chile, Bolivia, Argentina y Paraguay.

Un poco más al sur vemos otro trifinio especial: el que separa a Brasil, Uruguay y Argentina. Ubicada en el río Uruguay, es la triple frontera más austral de toda la Tierra. Sin embargo, su demarcación exacta es difícil. Los uruguayos reclaman la soberanía de la isla Brasilera, que está en medio del río.

En el otro punto extremo, el trifinio más cercano al polo norte es el que comparten Noruega, Suecia y Finlandia. Se conoce como Treriksröset y allí se instaló un montículo sobre el agua. Tiene el récord por muy poca distancia: si nos trasladáramos 300 kilómetros hacia el este y solo 900 metros al sur, podríamos ver el trifinio entre Finlandia, Noruega y Rusia. Esta gigantesca nación tiene otra marca llamativa: desde la triple frontera que comparte con Lituania y Polonia hasta la que tiene con Corea del Norte y China hay 7200 kilómetros de distancia.

Sin embargo, ese registro no es un récord mundial y ya hay otro país que lo supera: Francia. Desde el trifinio en Sudamérica que comparte con Brasil y Surinam hay 7700 kilómetros de distancia respecto al que tiene con Alemania y Luxemburgo. En este caso, se trata de otra triple frontera especial: en el lado luxemburgués se ubica Schengen, una pequeña localidad que ganó fama en 1985, ya que fue la sede del acuerdo homónimo que dio lugar a la libre circulación de personas dentro de la Unión Europea.

Durante todo el capítulo nos hemos detenido en los trifinios, esos puntos en los que confluyen tres países, pero ¿existe en el planeta algún lugar en el que se encuentren cuatro o más Estados? En la actualidad, no. Lo más cercano a un cuatrifinio ya lo hemos conocido: en la Franja de Caprivi por solo 150 metros no hay un cuádruple punto común entre Namibia, Zambia, Zimbabue y Botsuana.

Otro lugar particular es la Antártida. Ningún país tiene soberanía plena, tal como estipula el Tratado Antártico, aunque varios tienen reclamaciones territoriales. Si tomáramos como válidos los planteamientos de Argentina, Chile, el Reino Unido —los tres están superpuestos—, Noruega, Australia, Francia y Nueva Zelanda, tendríamos un megafinio de siete países justo en el polo sur geográfico.

El mar u otra frontera. A los dos destinos que al inicio del capítulo auguramos como inexorables para el final de una frontera en realidad les faltaba uno. Lo pueden demostrar Lesoto, San Marino y el Vaticano, todos países enclavados, completamente rodeados por otro Estado nacional. En esos casos, como en una historia cíclica, el punto en el que termina la frontera también es en el que se inicia. No obstante, fuera de estas tres excepciones, los demás países podrán recorrer el perímetro de sus fronteras hasta toparse con la costa o un trifinio, esos lugares tan particulares del globo. ●

Treriksröset, el montículo sobre el agua en el que se unen Noruega, Suecia y Finlandia.

N
O
E
S

CAPÍTULO 13

SAHARA OCCIDENTAL, EL GRAN MURO INVISIBLE

Una muralla de 2720 kilómetros de extensión.

Miles de refugiados que jamás han conocido otra realidad.

Una frontera que existe, pero en otro lugar.

Los lectores de este libro seguramente compartan con los autores la afición por los mapas, los datos y los récords. Y puede que hayan tenido una experiencia similar: ver un planisferio en el que se presentan estadísticas mundiales y se distinguen los países con diferentes colores, en consonancia con el dato que se busca mostrar. Pero, en algunos casos, parece haber una anomalía: una parte del globo queda como en el limbo, ni en un lado ni en otro, tal vez con un gris que se referencia en la leyenda “No hay información”.

Ese rincón del planeta es el Sahara Occidental. Está al sur de Marruecos, al norte de Mauritania, al oeste de Argelia y en la costa del océano Atlántico. En los mapas no suele aparecer con la misma tipografía que el resto de los países, lo que da a entender que no llega al nivel de Estado nacional, sino que simplemente se identifica el territorio. Y la frontera con Marruecos aparece con una línea punteada, como si estuviera en disputa. Se extiende de forma paralela al ecuador, desde el límite con Argelia hasta la costa atlántica. No es un terreno pequeño ni despreciable. Con 266.000 kilómetros cuadrados, es solo un poco más pequeño que Italia y más grande que Ecuador.

No existe consenso jurídico en la comunidad internacional sobre lo que sucede allí. Sí podemos adelantar qué pasa en la práctica. La frontera mencionada en realidad no existe, ya que Marruecos controla buena parte de ese territorio. Lo que queda fuera de su alcance es una franja oriental, donde se asienta la República Árabe Saharaui Democrática, un Estado con reconocimiento limitado. Más de 80 países la han considerado independiente, aunque algunos de ellos ya no lo hacen. Conserva vínculos diplomáticos con países diversos, como México, Perú, Sudáfrica, Kenia, Irán, Venezuela y Colombia. También la reconoce la Unión Africana, y de hecho es uno de los miembros fundadores de esa organización internacional.

Quienes apoyan a los saharauis creen que esta república debería controlar todo el Sahara Occidental y valoran a Marruecos como un Estado invasor. Pero lo cierto es que el único gran aliado es Argelia, país que acoge a muchos de los que tuvieron que abandonar sus hogares.

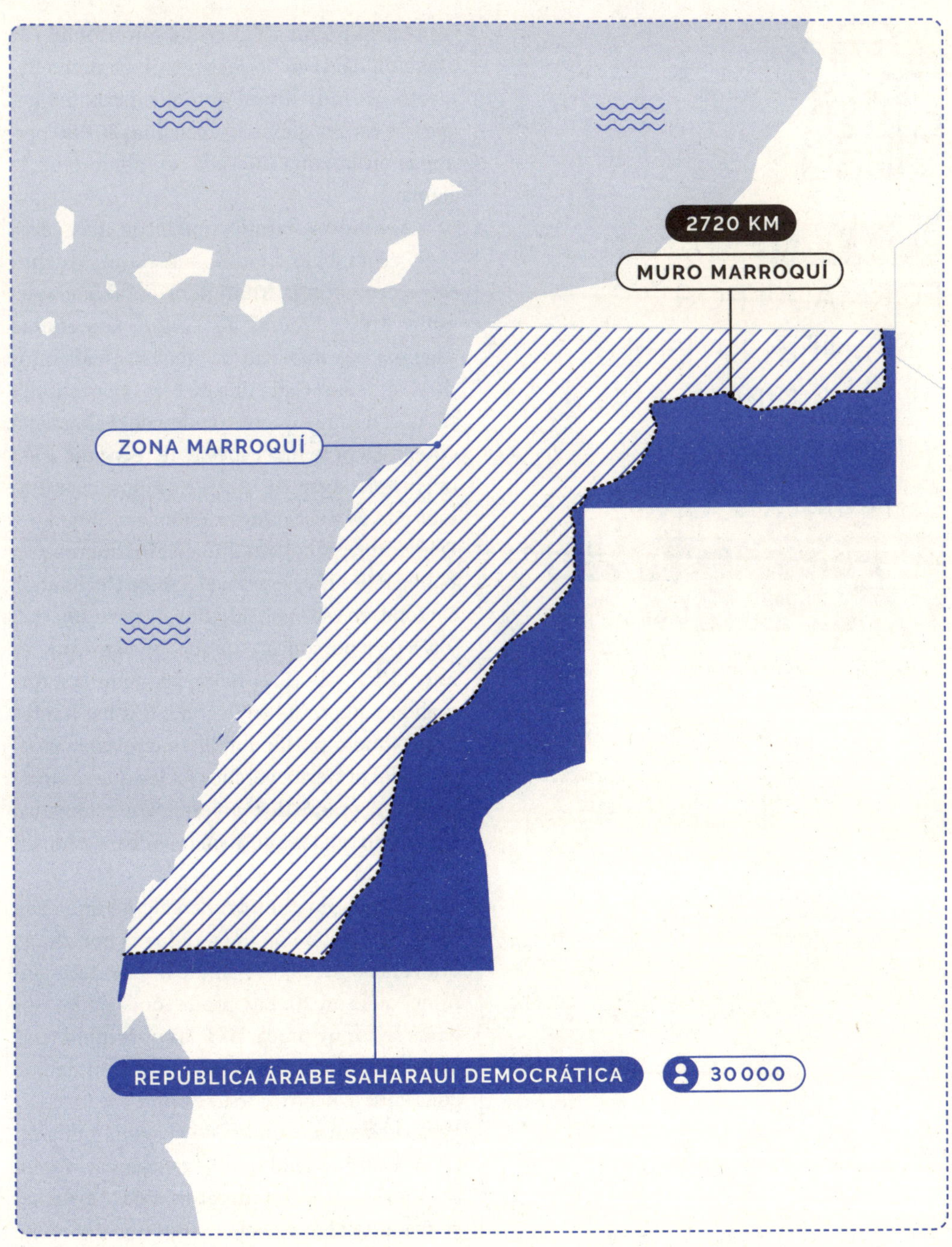
2720 KM
MURO MARROQUÍ
ZONA MARROQUÍ
REPÚBLICA ÁRABE SAHARAUI DEMOCRÁTICA
30000

EL MURO ESTÁ FORMADO POR UNA MEZCLA DE ARENA, PIEDRAS Y TRINCHERAS. SE ESTIMA QUE UNOS 100 000 SOLDADOS MARROQUÍES LO CUSTODIAN.

La República Saharaui solo domina la fracción del terreno más hostil, en pleno desierto. Es muy difícil obtener datos fiables, pero se estima que solo viven unas 30 000 personas en la zona liberada, tal como ellos la llaman.

Algunos saharauis quedaron más cerca de la costa, bajo dominio marroquí. Muchos otros cruzaron la frontera oriental hacia Argelia. En las afueras de Tinduf, una ciudad argelina, se establecieron cinco campamentos de refugiados. Cada una de estas poblaciones tiene el nombre de una ciudad del Sahara Occidental, como una especie de reivindicación del propio lugar. De esta forma, nos encontramos con El Aaiún, Auserd, Esmara, Bojador y Dajla en Argelia, aunque originalmente son poblaciones ubicadas en el Sahara Occidental. En total, en esos poblados viven entre 100 000 y 175 000 personas. Aunque, una vez más, es muy difícil saberlo con precisión por la informalidad que reina en la zona. Los habitantes tienen que soportar condiciones extremas, típicas del desierto: veranos en los que se superan los 40 grados de temperatura con facilidad e inviernos en los que apenas se despega de los cero grados.

El agua no abunda. Se calcula que cada persona dispone de unos 12 litros por día, lo que está por debajo del límite humanitario mínimo, que son 20. Las condiciones de los hogares son muy precarias y las oportunidades, esquivas. Muy pocos tienen la posibilidad de conseguir trabajo o cursar estudios avanzados. Para subsistir dependen de la ayuda humanitaria internacional que llega al lugar. Como si este escenario no fuera suficiente cruz, no se trata de algo pasajero, sino que comenzó en 1975. Es decir, hay personas de 50 años de edad que no tienen conciencia de haber vivido en un contexto distinto. Despojados de su país, han sido siempre refugiados y apátridas y están a la espera de una mejora que no llega.

Para comprender la situación hay que retroceder hasta finales del siglo 19, cuando se produjo el llamado reparto de África, situación que mereció un capítulo aparte en este libro. El Sahara Occidental quedó en manos de España, que comenzó a explotar las riquezas naturales que encontró. Décadas más tarde, en 1958, el Sahara español pasó a ser una provincia española más. Sin embargo, en esa época los movimientos independentistas ya pisaban fuerte en el continente. La ONU comenzó a presionar para poner fin a la situación colonial, algo que no sucedería. De hecho, el Sahara Occidental es el único lugar pendiente de descolonización que queda en África.

En 1975, en el ocaso de la dictadura de Francisco Franco, España quiso desprenderse del Sahara, pero no lo hizo de una forma prolija ni ordenada. Firmó un tratado, que luego sería considerado nulo, con los limítrofes Marruecos y Mauritania para traspasarles la soberanía y dejó el lugar. No se tuvo en cuenta la opinión, el deseo ni los intereses de los locales. Según el acuerdo, Marruecos se quedaba con la parte septentrional y Mauritania, con la meridional. Pero los saharauis no se quedaron de brazos cruzados. El Frente Polisario, que se había constituido unos años antes y que en la actualidad es el partido único al frente de la república, comenzó a dar batalla.

Mauritania firmó la paz y se retiró en 1979. No obstante, con Marruecos no sucedió lo mismo. Desde Rabat se organizó la llamada Marcha Verde: alrededor de 350 000 marroquíes cruzaron la frontera, con el apoyo de Estados Unidos, para presionar y adueñarse del territorio del Sahara Occidental. De esta forma comenzó la guerra entre marroquíes y saharauis que se extendió entre 1975 y 1991, cuando se llegó a un alto al fuego.

HAY PERSONAS DE 50 AÑOS DE EDAD QUE NO TIENEN CONCIENCIA DE HABER VIVIDO EN UN CONTEXTO DISTINTO.

Durante la década de 1980 Marruecos comenzó a construir un muro para defender los territorios que conquistaba. En rigor fueron seis, que se sucedieron poco a poco entre 1982 y 1987. A medida que avanzaba el conflicto, los marroquíes aseguraban la frontera. Esta muralla sigue vigente y tiene bastante menos prensa que otras a pesar de lo imponente que es. Tiene una extensión de 2720 kilómetros, algo así como la distancia que separa la Ciudad de México de San José de Costa Rica o Barcelona de Estambul.

El pueblo saharaui y un reclamo desoído en el desierto.

El muro está formado por una mezcla de arena, piedras y trincheras. Se estima que unos 100 000 soldados marroquíes lo custodian. Pero además está complementado por una gran cantidad de radares y minas terrestres. Según el Frente Polisario hay siete millones de minas. Esto es devastador para un pueblo acostumbrado al nomadismo, que ya no puede transitar por el desierto como antes. Se calcula que unas 2500 personas han sido víctimas de estas minas.

Mientras tanto, Marruecos aprovecha la situación actual. La explotación de las reservas de fosfato le permiten obtener unos mil millones de euros al año, a lo que se suman los recursos pesqueros de la costa.

La solución al conflicto no parece cercana. En 1991, con el alto al fuego, las partes se habían comprometido con la ONU para realizar un referéndum en el que la población podría decidir sobre su independencia. No solo nunca se llevó a cabo, sino que parece cada vez más complicado. Además, la llegada de miles y miles de marroquíes ha provocado que solo haya entre un 15 y un 30 % de saharauis en la zona que está al oeste del muro.

La propuesta de Marruecos es hacer un referéndum en el que se incluya la posibilidad de un régimen de autonomía pero no de independencia. Tiene el apoyo de grandes potencias, como Francia o Estados Unidos, país que hasta reconoce toda la reivindicación de Rabat desde que así lo anunciara Donald Trump al frente de la Casa Blanca. En los últimos tiempos también España ha querido acercarse a Marruecos y apoya su posición, a diferencia de lo que había hecho históricamente.

En 2020 el Frente Polisario volvió a la lucha armada, ya que consideró que Marruecos había violado el alto al fuego de casi tres décadas. Despojados de su tierra, apátridas y con muy poco apoyo internacional, los saharauis no pierden la esperanza de recuperar lo que consideran propio. Mientras tanto, el territorio permanece en un limbo y muchos, a la hora de confeccionar planisferios con datos sobre todos los países del mundo, no tienen más alternativa que confesar que, justo allí, no hay información suficiente. ●

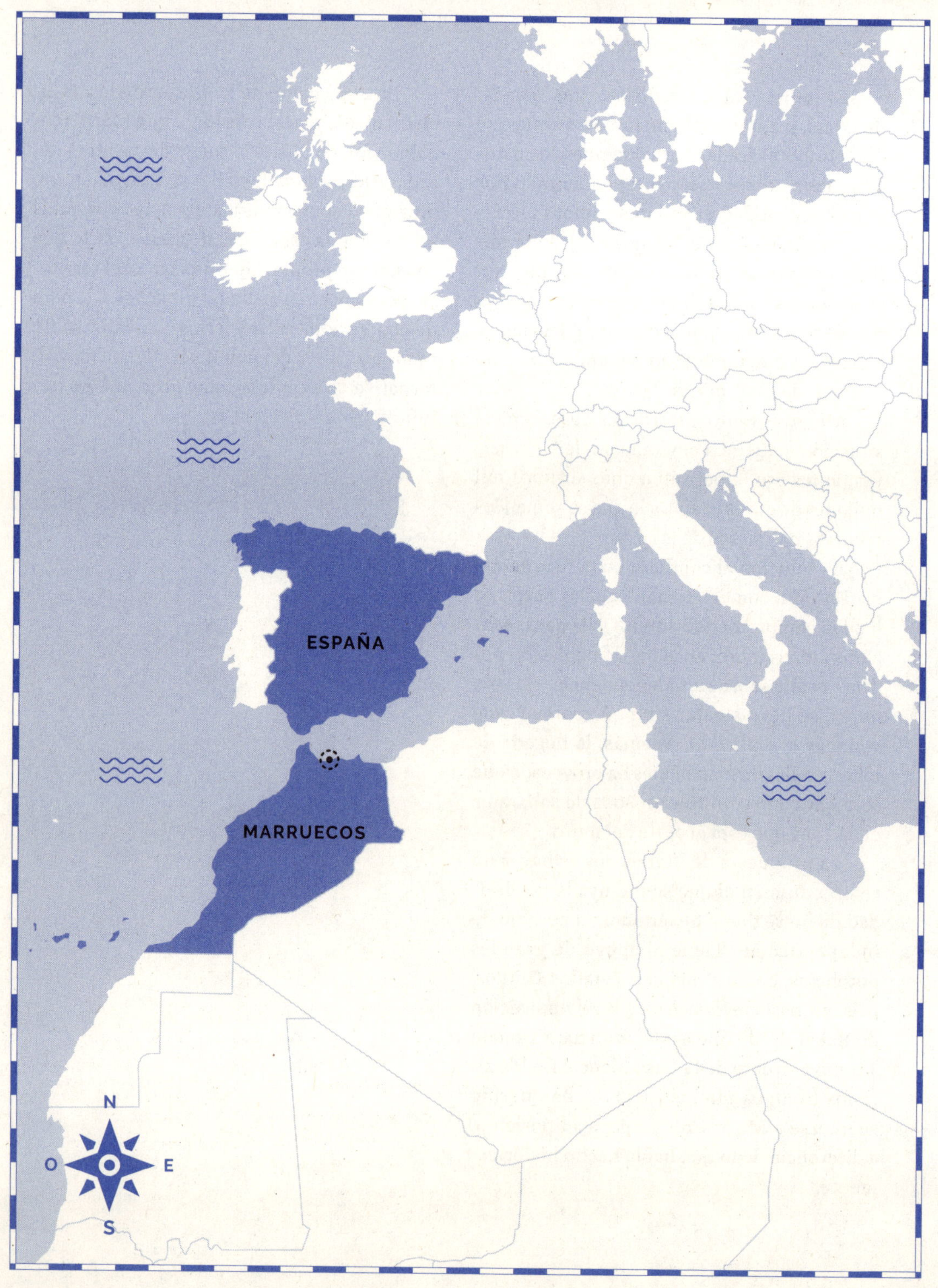
ESPAÑA
MARRUECOS
N
O
E
S

CAPÍTULO 14

VÉLEZ DE LA GOMERA, EL SEGMENTO FRONTERIZO MÁS CORTO DEL MUNDO

Cómo puede nacer un límite internacional.

De la lucha armada a la propuesta de abandono.

De un extremo a otro de la frontera en un minuto.

¿Qué tan corta puede ser una frontera? Es decir, ¿cuál es la distancia mínima que podría tener, teóricamente, una línea que divide dos Estados nacionales? Si seguimos los enunciados de las paradojas de Zenón, como aquella de Aquiles y la tortuga, podemos concebir distancias tan estrechas como nos permita nuestra mente, tendientes a infinito. Mientras tanto, en el mundo que nos rodea no llegaremos a tanto.

En el ranking de fronteras internacionales por extensión, la más larga de todas es la que separa a Canadá de Estados Unidos. Llega a los 8891 kilómetros y está dividida en dos secciones: una en el sur de Canadá y la otra en el oeste, donde se encuentra el estado de Alaska. Pero si solo contemplamos segmentos continuos de frontera, Eurasia tiene el récord: podremos transitar durante 7644 kilómetros con Rusia a un lado y Kazajistán al otro.

En el otro extremo, la frontera más corta del mundo es la que divide a Botsuana de Zambia. Son solo 150 metros de límite entre ambos Estados, donde se ubica la Franja de Caprivi. Sin embargo, si nos centramos solo en un segmento, ese récord puede ser superado por una marca muy estrecha.

LA COMUNIDAD INTERNACIONAL VIO CÓMO LA NATURALEZA FUE LA RESPONSABLE DE LA CREACIÓN DE UNA FRONTERA.

España y Marruecos tienen límites terrestres en tres sectores. Las ciudades españolas de Ceuta y Melilla están ubicadas en la costa del mar Mediterráneo y rodeadas por tierras marroquíes. Entre ambas suman 16 kilómetros de frontera, por lo que está lejos de ser la más corta del planeta. Sin embargo, hay un tercer segmento muy llamativo. Casi a mitad de camino entre ambas ciudades se ubica el peñón

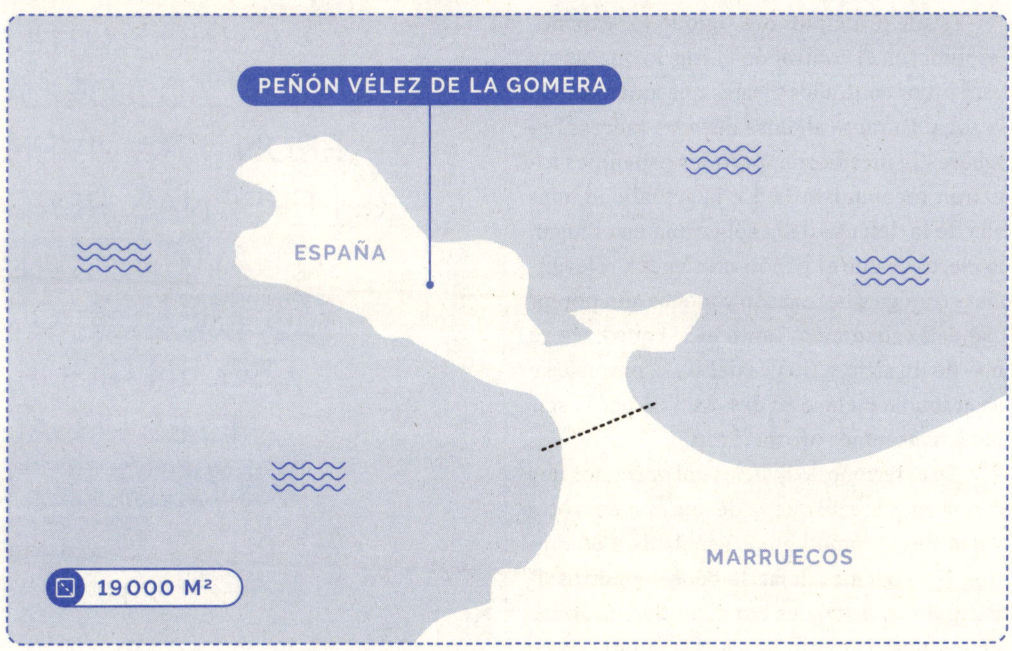

Vélez de la Gomera. Tiene unos 19 000 metros cuadrados, algo así como dos campos de fútbol. De todas formas, sería difícil tratar de disputar un partido ahí, ya que el terreno es muy escarpado. De hecho, en ese pequeño territorio se alcanzan los 87 metros de altura. Es una suerte de gran roca ubicada frente a una playa marroquí.

Hasta 1930 no había límite terrestre, ya que Vélez de la Gomera era una isla. Aquel año un terremoto con epicentro en Fez generó un gran movimiento de las placas tectónicas. Una de las consecuencias fue que se depositó una enorme cantidad de arena en el lugar, lo que produjo que la isla se convirtiera en un peñón. Así, Vélez de la Gomera dejó atrás su esencia insular y se unió al continente. De la noche a la mañana surgió un nuevo límite internacional que existe hasta nuestros días. No hubo una declaración de independencia o un referéndum, ni tampoco un acuerdo bilateral sobre los límites. En este caso, la comunidad internacional vio como la naturaleza fue la responsable de la creación de una frontera.

Son solo 85 metros en total, por lo que podríamos recorrerlo a pie con mucha tranquilidad en apenas un minuto. A uno y otro lado de la frontera viven personas, pero no hay control aduanero. Por eso, en rigor, no es legal atravesar el límite. En el lado marroquí nos encontramos con la playa de Bades, a la que se puede llegar por una carretera que no está en las mejores condiciones. En el lado español el lugar solo está ocupado por unas decenas de militares que llegan por mar o helicóptero desde Europa y rotan en sus funciones.

Desde principios del siglo 16 los españoles tomaron el control de la isla, lo que servía para lidiar contra los piratas que amenazaban la zona. Durante algunas décadas fuerzas bereberes la invadieron, pero los españoles lograron reconquistarla. En la actualidad, más allá de la defensa de la soberanía en el lugar, lo cierto es que el peñón no tiene la relevancia estratégica del pasado y menos aún potencialidad económica. Tanto es así que hace ya más de un siglo, a finales del 19, se propuso su abandono o incluso su detonación, pero estas iniciativas nunca prosperaron.

En el terreno, lo que nos encontramos hoy es una cuerda azul que va de una costa a la otra y que llega, como hemos señalado, a 85 metros. No podemos dejar de pensar en otros límites internacionales tan disímiles: enormes muros, desiertos infinitos, altas cumbres. Poco tienen que ver con una cuerda en medio de una playa de arena.

Esta porción de territorio de España puede parecer extraña, pero no es del todo única. Hay otros terrenos españoles en el norte de África que consolidan a este país como uno bicontinental. Muchos pensarán en Ceuta y en Melilla, ya mencionadas. Estas ciudades son relativamente conocidas y no profundizaremos en ellas, pero hay otros lugares que pasan por debajo del radar y que desde hace siglos dependen de Madrid.

Unos 40 kilómetros al este de Vélez de la Gomera nos encontramos con las islas Alhucemas. En total son tres: la isla de Tierra, la isla de Mar y el peñón de Alhucemas. Las dos primeras están deshabitadas, pero la última sí tiene presencia humana. Cuenta con un destacamento militar y llegó a albergar a 350 personas de forma simultánea. Desde allí se vigila el Mediterráneo y se advierte sobre la circulación de embarcaciones ilegales.

A UNO Y OTRO LADO DE LA FRONTERA VIVEN PERSONAS, PERO NO HAY CONTROL ADUANERO. POR ESO, EN RIGOR, NO ES LEGAL ATRAVESAR EL LÍMITE.

Más hacia el este, también frente a la costa de Marruecos pero muy cerca de Argelia, se encuentra otro archipiélago, el de las Chafarinas. También lo forman tres islas: Congreso, Rey Francisco e Isabel II. Solo la última está habitada, también con militares que rotan periódicamente.

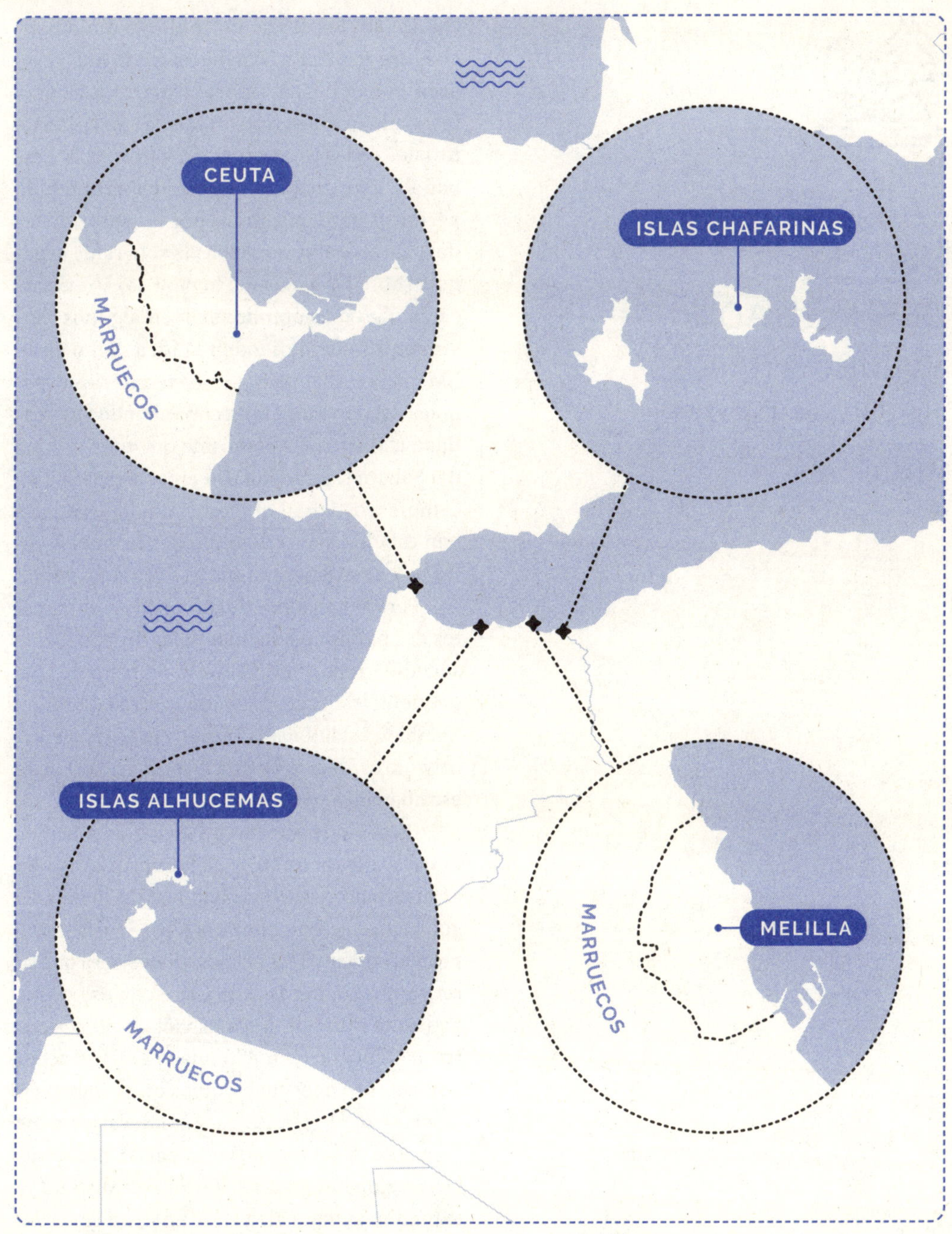
CEUTA
MARRUECOS
ISLAS CHAFARINAS
ISLAS ALHUCEMAS
MARRUECOS
MARRUECOS
MELILLA

LA ISLA DE PEREJIL ESTÁ DESHABITADA Y AMBOS PAÍSES LA CONSIDERAN PROPIA.

En 2021 se inició un conflicto diplomático entre España y Marruecos en torno a este archipiélago. Una empresa marroquí había instalado una piscifactoría en las aguas territoriales de las Chafarinas sin autorización española. Este criadero de peces había obtenido permisos pero expedidos por las autoridades del país africano, que niega la soberanía española sobre las aguas del lugar. Esto se enmarca en algo más amplio: existen algunos movimientos que defienden la idea de un Gran Marruecos. Plantean que los territorios españoles del norte de África corresponden en realidad a Marruecos, lo mismo que toda la zona del Sahara Occidental. En el lado español, en cambio, sostienen que estas ciudades e islas han estado bajo su dominio desde mucho antes de que existiera Marruecos como Estado.

Pero si hablamos de un conflicto entre estos dos países no podemos dejar de lado lo que sucedió en la isla de Perejil. Se trata de una pequeña isla rocosa de 500 metros de largo. También está ubicada frente a la costa africana y fue escenario de una disputa en 2002 que escaló poco a poco.

En julio de ese año un grupo de marinos marroquíes ocuparon el lugar, que estaba deshabitado, e izaron la bandera de su país. El gobierno español, que considera la isla como propia, comenzó las negociaciones para que se retiraran. Sin demasiado éxito con esa estrategia, unos días después España decidió recurrir a la fuerza. Se inició una operación aérea y se capturó a los marroquíes que estaban en la isla. Así, el ejército español desalojó a los ocupantes y los entregó a su país como si hubieran sido inmigrantes ilegales. La disputa se extendió, aunque luego se llegó a un acuerdo:

La playa marroquí de Bades. En el fondo, la española Vélez de la Gomera.

se retornaría a la situación anterior, que es la que rige hasta hoy. La isla está deshabitada y no tiene ningún símbolo de soberanía de ninguno de los dos países, a pesar de que ambos la consideran propia.

¿Falta algún otro territorio español en el norte de África? Entre Vélez de la Gomera, Ceuta, Melilla y las islas mencionadas muchos pensarán que ya no queda nada. Sin embargo, también podemos añadir un archipiélago mucho más conocido: las islas Canarias. En este caso ya no estaremos en el mar Mediterráneo, sino en medio del océano Atlántico, cientos de kilómetros al sur, en un lugar donde viven más de dos millones de personas.

Pero eso no nos interesa tanto en este apartado, ya que no encontraremos ninguna frontera. Más aún, no habrá ninguna tan singular (y estrecha) como la de Vélez de la Gomera. Es cierto que son 85 metros, por lo que las paradojas de Zenón pueden esperar. En definitiva, un territorio por el que se libraron batallas pero que luego se evaluó abandonar, que era una isla y se unió al continente hace menos de un siglo, al que no podemos acceder legalmente a menos que seamos un militar español encomendado a esa tarea y que, sobre todo, cuenta con el segmento fronterizo más corto del planeta. ●

N
O
E
S

CAPÍTULO 15

KURDISTÁN, UN PUEBLO JAQUEADO POR FRONTERAS

La nación sin Estado más populosa del mundo.

Historia y recursos, pero sin unidad.

Traiciones, lucha y feminismo.

Afganistán, Kazajistán, Kirguistán, Pakistán, Tayikistán, Turkmenistán y Uzbekistán. Hoy son siete los países que tienen el sufijo "-stán" en su nombre, que significa "lugar de". En estos casos, lugar de los afganos, kazajos y demás. Pero podrían ser más: muchos pugnan por la creación de un Kurdistán independiente. El lugar de los kurdos.

Hoy los kurdos no tienen un lugar. O tienen varios, pero no están agrupados dentro del mismo Estado nacional. De hecho, es el pueblo más numeroso del mundo que no tiene un Estado propio. Se estima que son por lo menos 30 millones de personas repartidas entre diferentes países, muchas sin autonomía a pesar de haber protagonizado luchas contra gobiernos centrales, extranjeros o grupos terroristas.

Los kurdos aseguran que habitan en Oriente Medio desde hace unos 2600 años. Es un lugar emblemático del planeta, situado alrededor de las llanuras y montañas cercanas a los ríos Tigris y Éufrates. Después de árabes y persas, la etnia kurda es la más populosa de la región. Como se puede ver en el mapa, la línea punteada que marca la región en la que habitan los kurdos se solapa con las líneas continuas que delimitan las fronteras de los países con reconocimiento internacional. Viven principalmente en cuatro países: Turquía, Irán, Irak y Siria. También hay pequeños grupos en Armenia y Azerbaiyán.

ES UN LUGAR EMBLEMÁTICO DEL PLANETA, SITUADO ALREDEDOR DE LAS LLANURAS Y MONTAÑAS CERCANAS A LOS RÍOS TIGRIS Y ÉUFRATES.

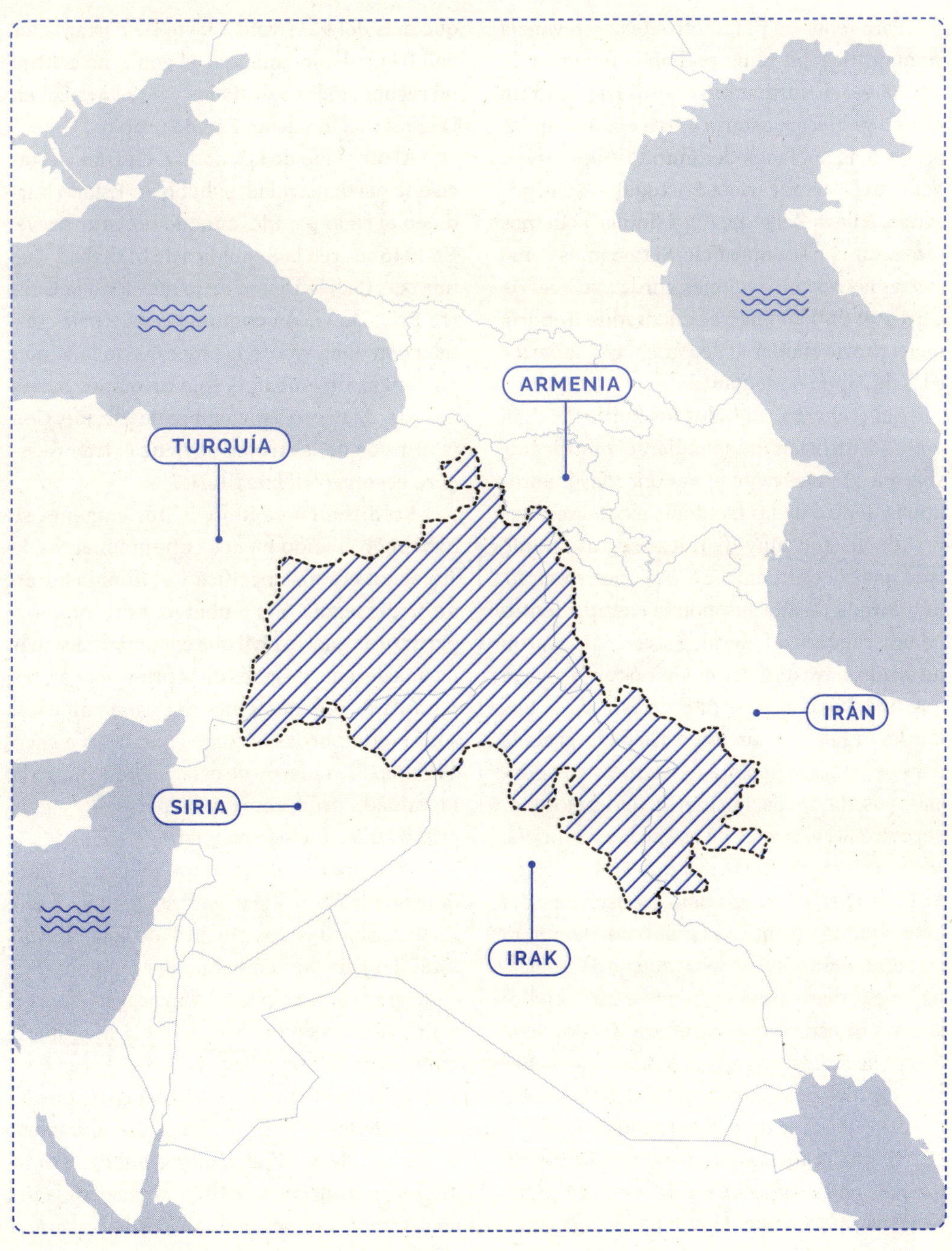
ARMENIA
TURQUÍA
IRÁN
SIRIA
IRAK

Para tener un parámetro de la relevancia demográfica del tema podemos imaginar lo siguiente: si Kurdistán se unificara bajo un mismo gobierno, estaría entre el 25 % de los países más poblados del mundo. Superaría a Venezuela, triplicaría a Portugal y sextuplicaría a Nueva Zelanda. Algo similar podemos proyectar con su superficie. Si tomamos como ciertas las reivindicaciones kurdas, se llegaría a los 400 000 kilómetros cuadrados. Tendría un territorio similar al de Paraguay y superior a los de Japón o Alemania.

Sin embargo, no todos los kurdos luchan por un Kurdistán independiente y unificado, sino que algunos pugnan por una mayor autonomía dentro de las fronteras existentes. Las realidades son muy distintas según en qué lado nos encontremos. En Irak, por ejemplo, han gozado de una autonomía elevada dentro de una república federal. En ese país fueron un aliado clave de Estados Unidos en la guerra que tuvo lugar a principios de este siglo. Los kurdos también recurrieron a la lucha armada para defenderse de Estado Islámico en la década pasada. De hecho, fueron uno de los mayores frenos al avance de ese grupo terrorista.

No siempre fue así, ya que en épocas de Saddam Hussein se prohibió la enseñanza del idioma kurdo y se intentó asimilarlos a la cultura árabe. En 1988 hubo un feroz ataque del gobierno, que utilizó armas químicas contra civiles kurdos. Se estima que murieron 100 000 kurdos y que se destruyeron unos 4000 poblados. Para algunos países, como el Reino Unido, Noruega y Suecia, se trató de un genocidio.

De todas formas, la presencia kurda en ese país no se sofocó del todo. En 2017 se celebró un referéndum de independencia, en el que más del 92 % votó a favor de cortar lazos con Bagdad. Sin embargo, el gobierno central no reconoció los resultados y no se avanzó en la construcción de un Estado propio.

Al otro lado de la frontera, en Irán, destaca una particularidad: sí hubo un Estado kurdo en el siglo pasado, aunque fue muy breve. En 1946 se creó la República de Mahabad. Fue una suerte de anticipo de lo que sería la Guerra Fría. De visión comunista, este país contaba con el apoyo de las fuerzas de la Unión Soviética. Sin embargo, solo tuvo once meses de vida, de enero a diciembre de ese año. Con la retirada de las tropas soviéticas Irán recuperó el control del territorio.

En Siria, en cambio, históricamente se habían producido menos enfrentamientos, la situación era más pacífica y el idioma kurdo no se perseguía. Sin embargo, esto cambió a partir de la guerra civil que comenzó hace más de una década, después de la primavera árabe. A partir de ese momento la tensión aumentó, sobre todo por las acciones que llevó a cabo Turquía. El gobierno de este país, que niega la identidad kurda, comenzó a perseguir a este grupo étnico incluso en territorio sirio.

Obviamente, la situación dentro de Turquía nunca fue la ideal. Allí viven unos 15 millones de kurdos, casi un 20 % de la población total del país. Sin embargo, para el gobierno central no hay un pueblo kurdo, sino que se refiere a ellos como “turcos de la montaña”. Hubo revueltas que fueron reprimidas en muchas ocasiones y hasta se formó un partido político comunista que tuvo una gran relevancia. El Partido de los Trabajadores del Kurdistán se creó en la década de 1970 y comenzó la lucha armada, que se combatió desde Ankara.

De hecho, en 1999 encarcelaron al líder de ese partido, Abdullah Ocalan. Fue condenado a cadena perpetua y desde su sector político denuncian que no tuvo un juicio justo ni fue defendido por abogados como debía ser. Durante una década fue el único preso en Imrali, una isla ubicada en el mar de Mármara que sirvió como prisión de máxima seguridad. Ocalan sigue preso y solo puede salir una hora al día de su celda. Sigue siendo la imagen de las protestas kurdas que reivindican su figura.

Más cerca en el tiempo, el Partido Democrático de los Pueblos logró otro hito. En 2015, tres años después de su fundación, logró un 13 % de los votos en las elecciones. Por primera vez un partido prokurdo lograba ingresar en el parlamento turco.

EN 2015, POR PRIMERA VEZ, UN PARTIDO PROKURDO LOGRÓ INGRESAR EN EL PARLAMENTO TURCO.

De cualquier modo, a uno u otro lado de las fronteras existentes la situación kurda no es idílica. Se han registrado enfrentamientos internos entre distintas facciones y hasta han sufrido traiciones de aliados no tan fiables. Como hemos señalado, colaboraron con Estados Unidos en la guerra de Irak y fueron clave para contener a ISIS. Sin embargo, han sido reprimidos y combatidos por un aliado de Estados Unidos dentro de la OTAN, Turquía, que los enfrenta tanto dentro de sus fronteras como en Siria.

Tal ha sido el vínculo con Estados Unidos que la CIA se encargó de entrenar a los Peshmerga, el grupo armado del Kurdistán iraquí. Allí podemos observar algo que distingue a este grupo de muchos ejércitos del mundo, y en especial que lo diferencia culturalmente de sus vecinos —también musulmanes— árabes y persas: dentro de los Peshmerga existe una relevante presencia femenina. Las mujeres han ocupado un lugar preponderante en la organización y hasta en la lucha armada kurda. Esta postura feminista se condice con el Partido Democrático de los Pueblos, el que logró llegar al parlamento turco: sus listas han tenido paridad de género y se promueve una agenda de igualdad y de respeto por las minorías.

El reclamo de un Kurdistán independiente no solo se asienta sobre la cuestión cultural, sino que hay también un trasfondo histórico. En el ocaso de la Primera Guerra Mundial los kurdos estaban bajo dominio del Imperio otomano, que había sido derrotado en ese conflicto bélico. En 1920 se firmó el Tratado de Sèvres, que estipulaba las fronteras posteriores a la guerra. Allí estaba prevista la creación del Kurdistán, aunque nunca se llegaron a delimitar las fronteras con precisión. El problema es que este tratado nunca fue ratificado y jamás entró en vigor. En cambio, fue reemplazado por el de Lausana, en el que se establecieron los límites de la actual Turquía, pero no se estipuló la existencia del Kurdistán. Desde entonces los kurdos reivindican aquellos territorios, los estipulados en Sèvres, como propios.

Hasta el momento no han tenido demasiado éxito. A pesar de haberse aliado con grandes potencias, siguen sin poder lograr la independencia. No sobran los países extranjeros que tengan interés en que se reunifique toda esa zona, sino que prefieren que siga dividida en distintos Estados. Se trata de tierras que cuentan con grandes ventajas. Para empezar, tienen una gran disponibilidad de agua en comparación con casi todo Oriente Medio, por lo que son fértiles. Además, existen grandes reservas de petróleo.

Igualmente, un potencial Kurdistán independiente —hoy no parece la posibilidad más cercana— debería conservar buenas relaciones con sus vecinos. No solo para mantener la paz, sino también porque los necesitaría para el comercio internacional: al no tener salida al mar, precisaría de esos países para ubicar sus productos y recursos energéticos en otros mercados.

En ese caso, tal vez pueda aprender de Uzbekistán, uno de los dos países del mundo —el otro es Liechtenstein— en el que hay que atravesar dos fronteras para llegar a la costa. Y, además, uno de los siete países con sufijo "-stán" de la actualidad, por más que muchos kurdos pretendan que sean ocho. ●

EN 1920 SE FIRMÓ EL TRATADO DE SÈVRES, QUE ESTIPULABA LAS FRONTERAS POSTERIORES A LA GUERRA. ALLÍ ESTABA PREVISTA LA CREACIÓN DEL KURDISTÁN, AUNQUE NUNCA SE LLEGARON A DELIMITAR LAS FRONTERAS CON PRECISIÓN.

Las milicias femeninas han sido especialmente importantes en la lucha kurda.

El Kurdistán, con tierras fértiles en medio de una región árida.

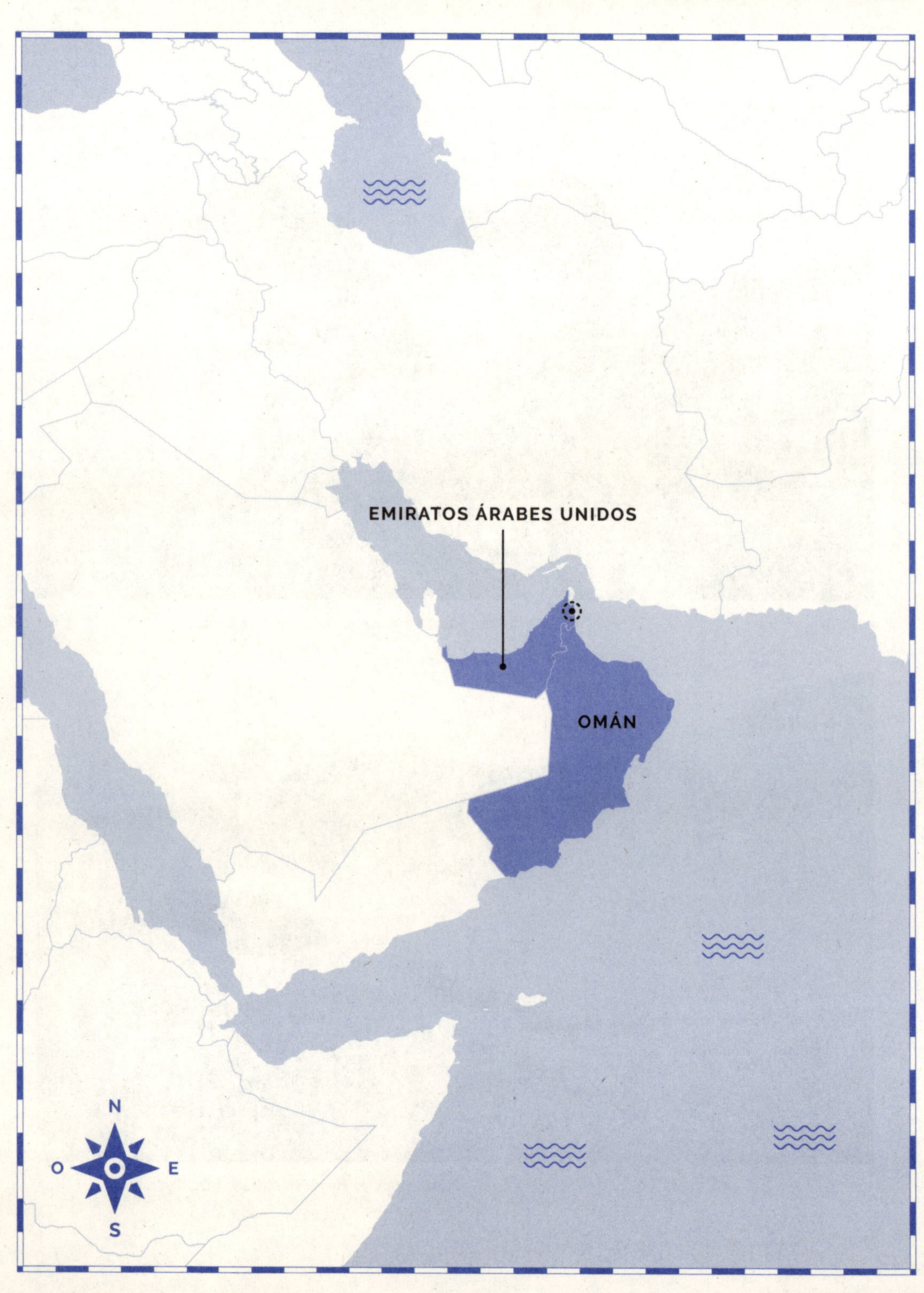
EMIRATOS ÁRABES UNIDOS
OMÁN
N
O
E
S

CAPÍTULO 16

NAHWA, EL CONTRAENCLAVE QUE RESISTE

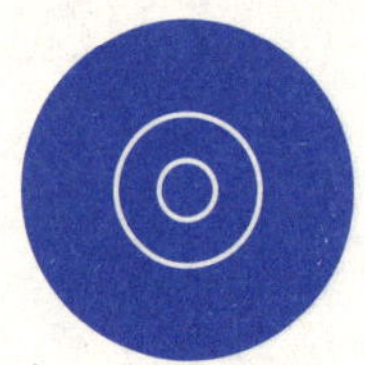

Un territorio de un país que rodea y que está rodeado por otro.

Enclave, exclave, metaenclave: no es todo lo mismo.

Atravesar cuatro límites internacionales en unos minutos.

Existen en el mundo decenas de enclaves. Se trata de territorios de un país soberano rodeados completamente por otro. Los conocimos en el primer capítulo, en esa locura fronteriza entre indios y bangladesíes que ya no existe.

A diferencia de ese caso que ya se simplificó, hay otros que permanecen hasta nuestros días. El minúsculo Campione d'Italia, de 2,7 kilómetros cuadrados y que no hace falta aclarar a qué país pertenece, linda con territorio suizo en todo su perímetro. Llivia, un municipio español cinco veces más extenso, está rodeado por Francia.

Más conocidos son los llamados países enclavados. Se trata de aquellos Estados nacionales que se encuentran "dentro" de otro. No cuentan con salida al mar y solo tienen un país limítrofe. En la actualidad son tres: Lesoto, rodeado por Sudáfrica, San Marino y Ciudad del Vaticano, ambos cercados por Italia.

No es lo mismo un enclave —todos los casos mencionados— que un exclave. En este caso, el lugar en cuestión se encuentra desconectado de la porción principal del país al que pertenece. Por eso Llivia es un exclave —además de un enclave—, pero Lesoto no.

También existen exclaves que no son enclaves: lugares desconectados del resto de su país pero que no están totalmente cercados por un solo vecino. La República Autónoma de Najicheván pertenece a Azerbaiyán y está a 45 kilómetros del lugar más cercano que también es azerí. Sin embargo, no está rodeada por un solo país extranjero, sino por tres: Armenia, Irán y Turquía.

Pero hay más complicaciones fronterizas: los contraenclaves. También llamados metaenclaves, se trata de lugares cercados por enclaves. Imaginemos a una ciudad del país A que está cercada por un territorio del país B que a su vez está encerrado por el país A. Con lo que tenemos hasta ahora podemos concluir que todos los contraenclaves son necesariamente exclaves.

En la actualidad existen metaenclaves en solo dos lugares en todo el mundo. Uno es Baarle, un centro urbano jaqueado por rarísimos límites entre Bélgica y Países Bajos. Mereció un capítulo propio en el primer libro de Un Mundo Inmenso, por lo que no profundizaremos.

El otro, que ahora nos ocupa, es Nahwa. Forma parte de Emiratos Árabes Unidos, una federación formada por siete entidades subnacionales que se llaman, obviamente, emiratos. El más grande de todos es Abu Dabi, que abarca el 80 % de todo el país. Sí, es proporcionalmente enorme. Otro de los emiratos es Umm al-Qaywayn. Son los dos únicos que tienen todo su territorio contiguo; es decir, que no cuentan con enclaves ni exclaves subnacionales. Los otros cinco, llamados Ajmán, Dubái, Fujairah, Ras al-Khaimah y Sharjah, cuentan con porciones de territorio en distintas partes del país, lo que da como resultado algo parecido a un rompecabezas.

Sin embargo, parece faltar una pequeña pieza "dentro" de Sharjah. Una pieza que encaja por fuera pero también por dentro. Lo que falta es Madha, que es territorio soberano de Omán. Madha está rodeado por Emiratos Árabes Unidos y también rodea a Emiratos Árabes Unidos. Sí, lo que está dentro es Nahwa, un contraenclave.

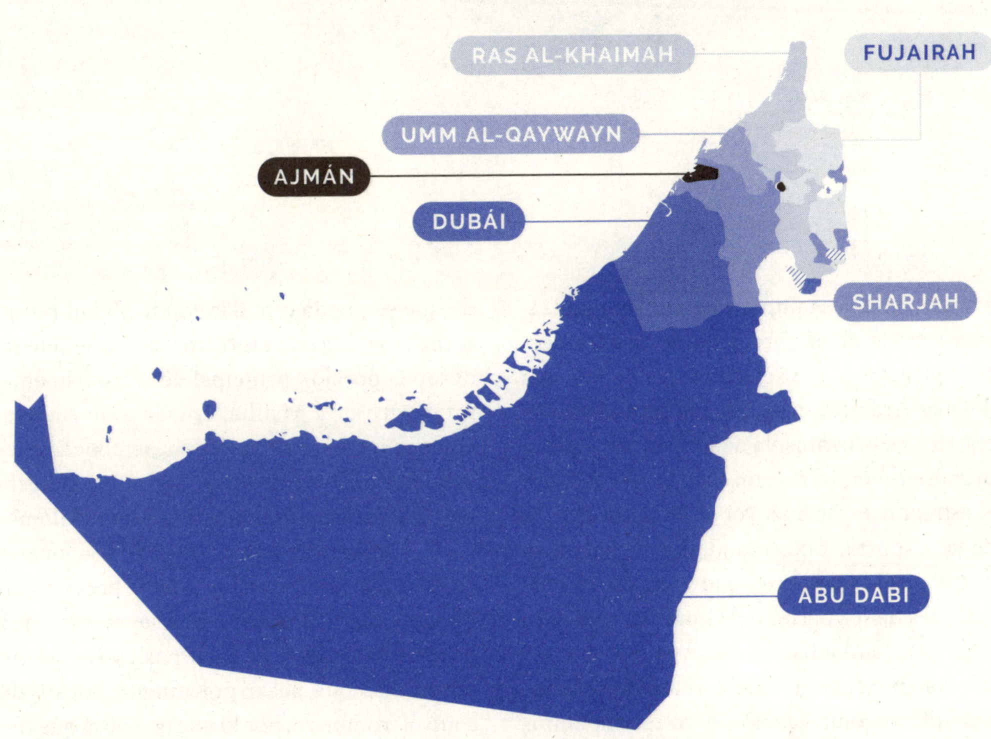

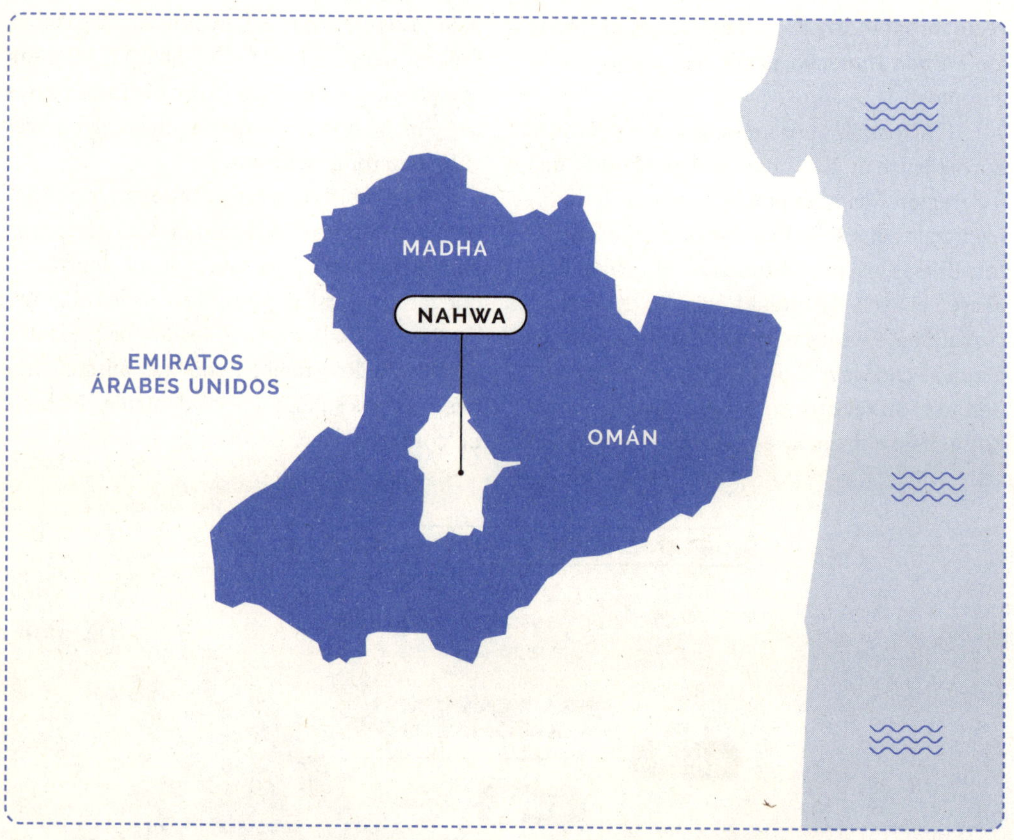

Los omaníes tampoco tienen la organización territorial más prolija de todas. A la sección principal, que se encuentra en la costa del mar Arábigo, se le agregan otras dos partes. Una es la península de Musandam, que le permite tener, junto con Irán, control sobre el estrecho de Ormuz. Por allí circula el 20 % de las exportaciones mundiales de petróleo, ya que es el lugar por el que salen las embarcaciones de los países del Golfo. La otra es la mencionada Madha.

Omán y Emiratos no han tenido relaciones idílicas como vecinos, pero esto no impide que se pueda circular con facilidad por la zona. Hay una carretera por la que se puede, desde la porción principal de territorio emiratí, ingresar a Madha, cruzar todo Nahwa, volver a ingresar a Madha y desembocar nuevamente en tierras de los emiratos. De esta forma, es posible conducir durante 13 kilómetros y cruzar cuatro fronteras internacionales en ese trayecto. Es recomendable hacerlo con un vehículo 4×4, ya que hay segmentos que no están asfaltados. La parte positiva es que no tendremos que pasar por ningún puesto de control fronterizo, por lo que no habrá que ha-

En la ruta que atraviesa Nawha se encuentra una pequeña cueva.

cer trámites migratorios. Igualmente, parece estar bien claro a cada paso en qué país nos encontramos. No solo por las banderas que se observan, sino también porque en los carteles publicitarios se pueden ver los códigos telefónicos de área que corresponden a cada país.

Como suele ocurrir en este tipo de anomalías fronterizas, la historia que las explica tiene sus particularidades. En este caso tenemos que retroceder hasta la década de 1930, cuando había cuatro clanes que rivalizaban por el control del territorio. Para imponerse mandaron a sus emisarios a negociar con cada

ES POSIBLE CONDUCIR DURANTE 13 KILÓMETROS Y CRUZAR CUATRO FRONTERAS INTERNACIONALES EN ESE TRAYECTO.

LO MÁS LLAMATIVO DE ESTE TIPO DE LÍMITES NO SON LOS CONTRAENCLAVES, SINO LOS ENCLAVES EN SÍ.

aldea, con el fin de conseguir sus adhesiones. Era una zona especialmente importante por la disponibilidad de un recurso clave: el agua. A pesar de ser una región bastante desértica, justo Madha cuenta con tierras fértiles y con cursos de agua subterráneos que permiten que se cultive la tierra.

La cuestión es que cada aldea tomó sus propias decisiones. En Nahwa optaron por la dinastía de los Al-Qasimi, que desde el siglo 18 gobierna Sharjah. En Madha, en cambio, se vincularon con los omaníes, que entonces parecían ser un Estado más fuerte y con mejor futuro. Sin embargo, unas décadas después los emiratíes descubrieron petróleo y lograron un marcado despegue de su economía.

Esto se puede ver en los enclaves, ya que los precios y el nivel de vida varían de un lado a otro de la frontera. Tanto es así que suelen verse largas filas en las estaciones de servicio ubicadas en el lado omaní para cargar combustible. A pesar de que los Emiratos cuentan con grandes reservas, allí la gasolina es un 20 % más cara respecto a lo que se cobra en Omán.

Actualmente Emiratos es el noveno país más rico del mundo. Solo Liechtenstein, Mónaco, Luxemburgo, Singapur, Irlanda, Catar, Noruega y Suiza tienen un producto interior bruto per cápita mayor. Omán, en cambio, aparece en el puesto 55 de ese listado. Por eso hay personas en Madha que señalan que sus antepasados tendrían que haber elegido al mismo clan que sus vecinos a los que rodean —o por los que son rodeados—. Lo más llamativo de este tipo de límites no son los contraenclaves, sino los enclaves en sí.

En este caso, por ejemplo, Nahwa no parece tan desubicado si miramos el mapa de forma más amplia. En realidad es Madha, el enclave de primer orden, el que está realmente aislado del resto de su país. En total viven allí unas 3000 personas, casi todas en el asentamiento más importante, llamado Nueva Madha. Hay una escuela, una oficina de correos, una comisaría, un banco y hasta una pista de aterrizaje, aunque no un aeropuerto que funcione con regularidad. El resto del enclave es en gran parte desértico y solo viven allí un puñado de personas. La superficie total llega a los 75 kilómetros cuadrados, similar a la de la isla española de Formentera.

Desde Madha, si queremos ir por tierra a cualquier otro lugar de Omán, tendremos que recorrer 40 kilómetros hacia el sur, a la porción más grande de territorio del país; o 55 hacia el norte, donde se ubica el otro enclave omaní.

Nahwa es bastante más pequeño. Son apenas 4 kilómetros cuadrados, por lo que es el doble de grande que Mónaco, y solo viven allí 300 personas. En total hay unos 40 edificios agrupados en dos aldeas: Nueva Nahwa y Vieja Nahwa. Hay, además, una escuela, una clínica y sí, varias banderas, ya que quieren dejar clara su pertenencia a Emiratos Árabes Unidos. En la práctica, las fronteras no tienen una influencia tan determinante más allá de la cuestión identitaria. No hay puestos fronterizos ni controles aduaneros, por lo que se puede circular fácilmente.

De cualquier modo, las líneas divisorias no solo fijan si estamos en Nahwa o Madha, si es Emiratos Árabes Unidos u Omán. También dan como resultado que haya un enclave dentro de un enclave: un metaenclave que resiste hasta nuestros días. •

Las señales al lado del camino que indican el contraenclave.

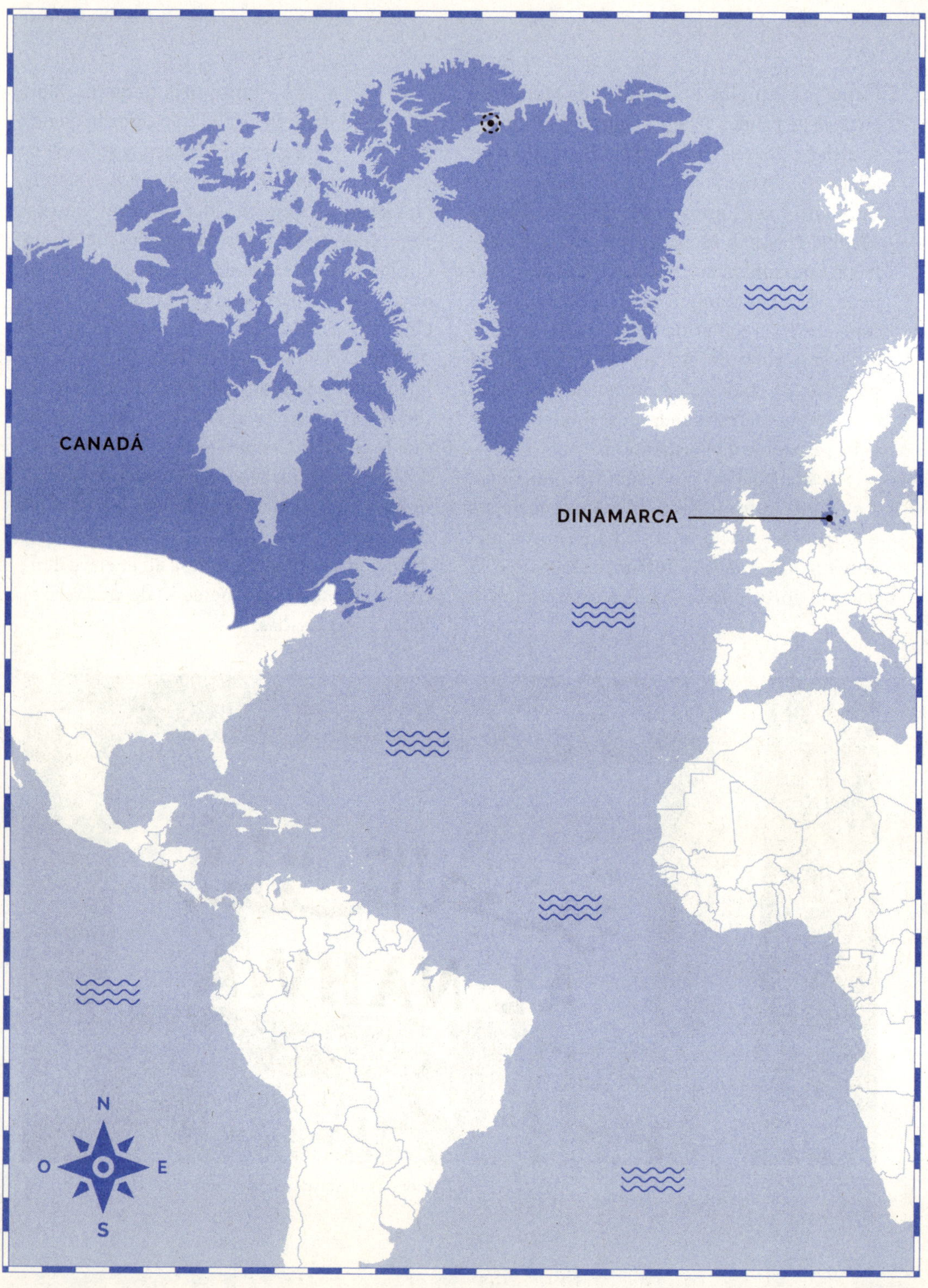
CANADÁ
DINAMARCA
N
O
E
S

CAPÍTULO 17

ISLA HANS, INVENTAR UNA FRONTERA

Un lugar inhóspito y hostil para la vida.

Un futuro en el que podrá ser más relevante.

La guerra más pacífica de la historia.

Existen 14 países en el mundo que comparten frontera terrestre con exactamente un limítrofe. No son islas ni tienen dos o más vecinos. Ya mencionamos a tres de ellos, los países enclavados: Lesoto —limita con Sudáfrica—, San Marino y el Vaticano —ambos con Italia—. Hay otros dos que son recíprocamente monofronterizos, si se permite el término: Haití y República Dominicana solo limitan entre sí.

Los otros nueve son algo así como limítrofes no correspondidos —es decir, el vecino limita con terceros Estados—. En Asia, Brunéi tiene dos segmentos limítrofes con Malasia, Catar solo linda con Arabia Saudita y la República de Corea controla su territorio hasta que comienza el de la República Democrática Popular de Corea, en una de las zonas más militarizadas del planeta. En Europa, Irlanda limita con el Reino Unido, Mónaco con Francia y Portugal, con España. En Oceanía, los casos a resaltar coinciden con las únicas dos fronteras terrestres del continente: tanto Papúa Nueva Guinea como Timor Oriental lindan con Indonesia y con ningún otro Estado. Finalmente, un ejemplo africano: el de Gambia con Senegal.

Si este libro se hubiera escrito antes de 2022 tendríamos que haber sumado otros dos casos. Hasta ese momento Canadá tenía una sola frontera: con Estados Unidos, la más extensa de la Tierra. Y Dinamarca solo tenía un borde con Alemania, más allá del puente de Øresund, que une su capital, Copenhague, con la ciudad sueca de Malmö.

Sin embargo, ni Canadá ni el Reino de Dinamarca integran hoy la lista de países con una y solo una frontera internacional. El 14 de junio de aquel año decidieron resolver una disputa, inventaron un límite y duplicaron así la cantidad de Estados con los que lindan.

El lugar en el que esto sucede es inhóspito, gélido y desolado. Y también despoblado, claro. En la región ártica se encuentra Groenlandia, la isla más grande del mundo, que forma parte del Reino de Dinamarca. Hacia el oeste, separada por el estrecho de Nares y por la bahía de Baffin, se sitúa Canadá.

Las secciones en las que Groenlandia se acerca más a su vecino constan de unos 35 kilómetros. En 1973 Dinamarca y Canadá llegaron a un acuerdo sobre dónde terminan las aguas territoriales de un país y dónde comienzan las del otro, ya que en esa sección del Ártico no llega a haber aguas internacionales (el derecho internacional indica que el mar territorial se extiende hasta 22,2 kilómetros desde la costa).

Al oeste, la canadiense isla Ellesmere; al este, Groenlandia. En medio de ambas, el estrecho de Nares, donde ambos países definieron el límite marítimo hace medio siglo. Hasta aquí no parece haber demasiadas complicaciones, hasta que llegamos a tierra firme. En medio del estrecho se encuentra la isla Hans, equidistante de Ellesmere y Groenlandia. Con una extensión de 1,3 kilómetros cuadrados, a Hans se la puede comparar por su tamaño con los dos Estados soberanos más pequeños del mundo: es más grande que el Vaticano, pero más pequeña que Mónaco.

Su ubicación es extrema. Se sitúa en el paralelo 80 norte, a mil kilómetros del polo. Su antípoda —es decir, el lugar más alejado de la Tierra, con una latitud similar pero en el otro hemisferio— se encuentra en la Antártida. Jamás estuvo habitada y no tiene demasiados atractivos para que eso cambie. Es una suerte de gran roca sin recursos donde la instalación humana sería tortuosa.

En la década de 1970 Ottawa y Copenhague se pusieron de acuerdo en estar en desacuerdo sobre la soberanía de Hans. Mientras que el tratado que delimita toda la zona marítima entró en vigor, la parte terrestre quedó en un limbo hasta nuevo aviso. Lo que pasó en el medio, entre 1973 y 2022, merece varios adjetivos, que van desde absurdo hasta desopilante. Se produjo la llamada guerra del Whisky, que fue tan sangrienta y trágica como podríamos esperar de un conflicto entre canadienses y daneses. La cantidad de disparos, muertos, atentados y capturas fue igual a cero.

ENTRE 1973 Y 2022 SE PRODUJO LA LLAMADA GUERRA DEL WHISKY, QUE FUE TAN SANGRIENTA Y TRÁGICA COMO PODRÍAMOS ESPERAR DE UN CONFLICTO ENTRE CANADIENSES Y DANESES.

ISLA ELLESMERE
ISLA HANS
ESTRECHO DE NARES
GROENLANDIA
0
1,3 KM²

ES LA FRONTERA MÁS SEPTENTRIONAL Y LA TERCERA MÁS CORTA DE LA TIERRA.

Las "hostilidades" comenzaron en 1984 a partir de una jugada canadiense. Tropas de esa nacionalidad desembarcaron en Hans, plantaron su bandera y dejaron una botella de whisky de su país. Esto se tomó como una provocación en el otro lado. El ministro danés de Asuntos de Groenlandia fue a la isla, cambió la bandera por una de Dinamarca y dejó una botella de aguardiente propia.

A partir de entonces se repitió la coreografía. Cada cierto tiempo, agentes de uno u otro país con bandera roja y blanca llegaban a la isla, desplegaban su insignia y dejaban una botella con alcohol. En algunos casos se incluían también carteles que rezaban "bienvenidos a..." y el nombre del país correspondiente. Durante décadas todo siguió así, con dos países inmiscuidos en la guerra menos sangrienta de la historia.

En 2005 hubo un hito que cambió un poco el tinte pintoresco del asunto. Bill Graham, el entonces ministro de Defensa de Canadá, visitó Hans como una forma de reivindicar el territorio. Por el cargo que ocupaba fue una manera de escalar el conflicto, que igualmente se mantuvo dentro de los cauces diplomáticos. Una pequeña digresión: Graham falleció en agosto de 2022, por lo que llegó a ver la división de la isla.

Una muestra de la buena voluntad de las partes fue que en medio de la disputa instalaron una estación meteorológica juntos, que también contó con la participación de Australia y el Reino Unido. En 2018 —nadie estaba demasiado apresurado— las autoridades de ambos países decidieron resolver de alguna manera la disputa fronteriza de la isla Hans. Sin embargo, pasaron otros cuatro años hasta que esto sucedió.

Se habían evaluado distintas alternativas, como algún tipo de condominio o administración compartida. Sin embargo, se optó por la creación de un nuevo límite internacional, que generó que el 60 % de la isla sea danesa y el 40 % restante, canadiense. Esta nueva frontera tiene dos particularidades. Por un lado, es la más septentrional del mundo. Superó a

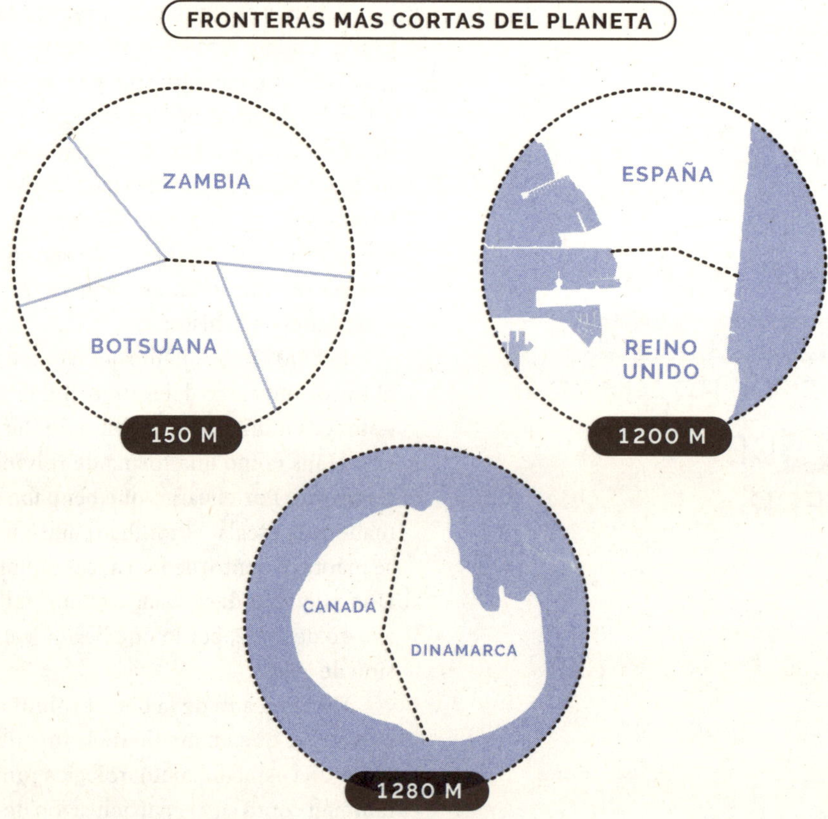

Finlandia-Noruega, que comparten un punto en el paralelo 70 norte. Por el otro, es la tercera más corta de la Tierra. Con 1280 metros, la supera por solo unos pasos la de España y el Reino Unido en Gibraltar y la de Botsuana y Zambia en la Franja de Caprivi.

Si ordenamos todas las fronteras internacionales por extensión encontraremos las de Canadá cerca de los extremos. Además de la que acabamos de repasar, la tercera más estrecha en el podio, cuenta con la más larga de todas: la que comparte con Estados Unidos llega a los 8891 kilómetros. De esta forma, Canadá tiene una frontera que es 6900 veces más larga que la otra.

Una isla rocosa en medio del Ártico, sin atractivos, recursos ni demasiadas posibilidades para que florezca vida de algún tipo. ¿Cómo se explica entonces esta extraña disputa binacional que se extendió durante décadas?

Por el estrecho de Nares, donde está la isla, pueden circular rompehielos. Históricamente ha sido una zona muy hostil en la que solo es posible la navegación durante un breve lapso estival. Sin embargo, el aumento de

Hans, un islote escarpado sin recursos ni demasiados atractivos naturales.

la temperatura global hace que ese período sea cada vez más extenso. Las perspectivas indican que la tendencia continuará y que las rutas comerciales por la parte norte del globo podrán ser económicamente más viables.

Canadá y Dinamarca son, junto con Noruega, Estados Unidos y Rusia, países con presencia en el Ártico y que pretenden ser actores claves en la geopolítica que se avecina en ese rincón del mapa. Tanto desde Ottawa como desde Copenhague consideraron que ceder ante Hans podía llegar a implicar ceder también en algunos de los posibles pasos marítimos del Ártico. Por eso se mantuvieron firmes en sus posturas y no quisieron dejar la soberanía al otro país.

Así, ese 14 de junio de 2022 nació una nueva frontera internacional en la Tierra. Canadá y Dinamarca ya no acompañan a Brunéi, Catar, Corea del Sur, República Dominicana, Gambia, Haití, Irlanda, Lesoto, San Marino, Mónaco, Papúa Nueva Guinea, Portugal, Timor Oriental y el Vaticano en el particular listado de países con una (y solo una) frontera internacional. ●

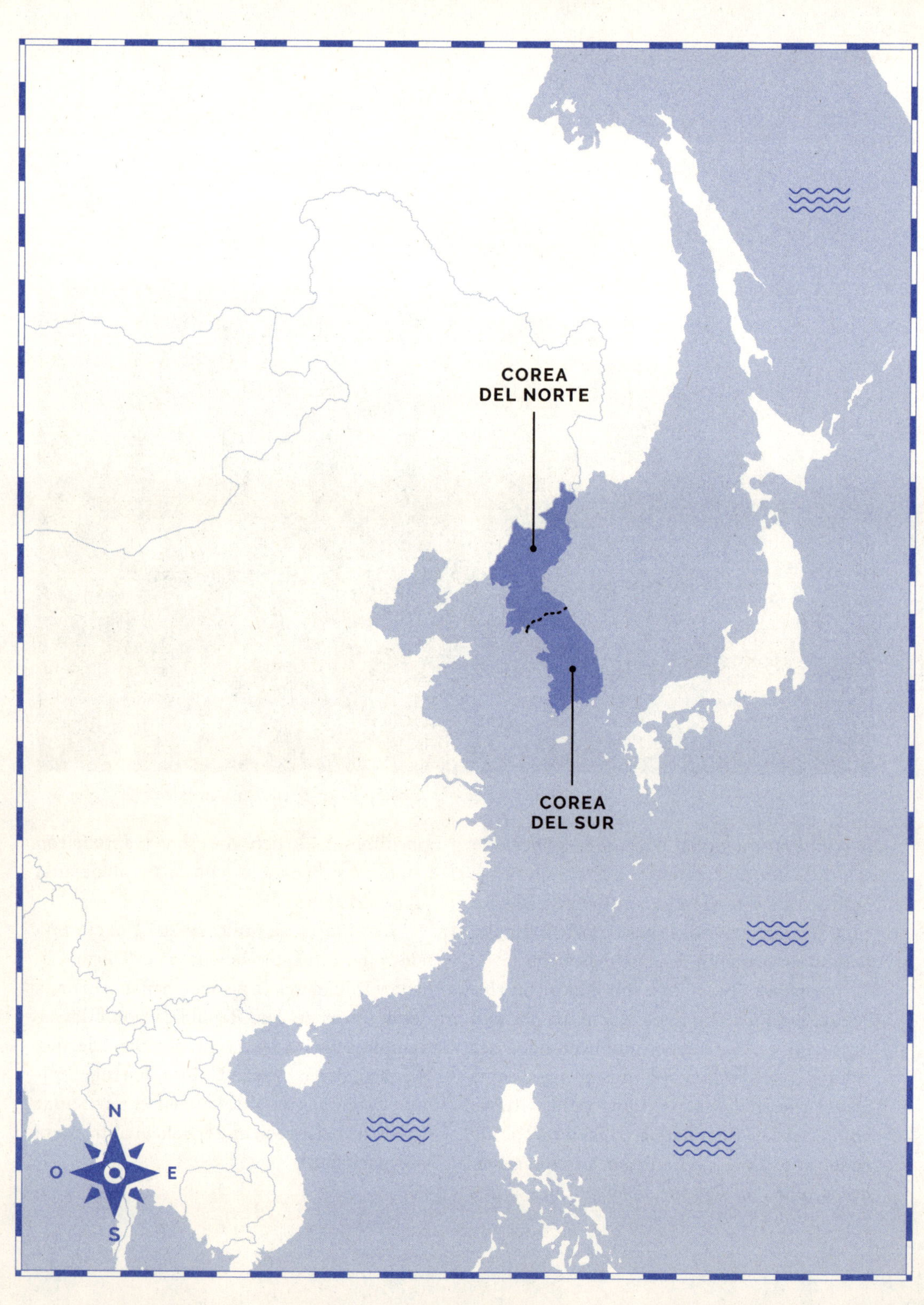
COREA
DEL NORTE
COREA
DEL SUR
N
O
E
S

CAPÍTULO 18

COREA, LA FRONTERA ~~DES~~MILITARIZADA

Un pueblo unido durante miles de años y separado desde hace medio siglo.

Atracciones turísticas en medio de una amenaza nuclear.

El futuro, entre el miedo y la esperanza.

República de Corea y República Popular Democrática de Corea. Los nombres oficiales de estos dos países no incluyen ningún punto cardinal. Los adjetivos "Sur" y "Norte" son una suerte de agregados extranjeros para diferenciar a estos dos Estados soberanos que comparten historia, cultura, geografía y una de las fronteras más icónicas de la actualidad.

Fuera de los que tienen una relevancia geográfica específica —ecuador, trópico de Cáncer, trópico de Capricornio, círculo polar ártico y círculo polar antártico—, el paralelo 38 es uno de los más conocidos de la Tierra. No el 38 sur, ese que pasa por la ciudad portuaria argentina de Mar del Plata, sino el 38 norte, identificado con la frontera que divide la península de Corea.

El río Han atraviesa Seúl de norte a sur. Sus aguas abastecen a la cuarta zona metropolitana más poblada del mundo —Tokio, Yakarta y Delhi están en el podio—. Con más de 24 millones de habitantes, es el centro absoluto de Corea del Sur, uno de los países más pujantes del mundo en las últimas décadas. Existen parques públicos en ambas orillas del río y los días festivos de verano se llenan de autóctonos que se reúnen allí para pasar el día. Alquilan una manta por unos pocos wones. Comparten sopas o pollo frito para almorzar. Y se quedan allí hasta que cae el sol.

Es difícil imaginar que apenas 45 kilómetros río arriba se encuentra una de las fronteras más militarizadas del mundo y que buena parte de las aguas que fluyen por el cauce del Han vienen desde Corea del Norte. La proximidad de Seúl a la frontera con el país vecino es impactante. En una imagen satelital podemos ver que el tejido urbano en algunos puntos llega prácticamente al mismísimo límite.

Esta frontera no ha existido siempre. Los coreanos han vivido unidos durante miles de años. Muy distinto a esto que podemos ver ahora: una de las fronteras más calientes del mundo, repleta de armas, minas y hasta con la sombra de la amenaza nuclear.

El germen de esta situación surgió en la primera parte del siglo 20, cuando el Imperio japonés invadió la zona y tomó a Corea

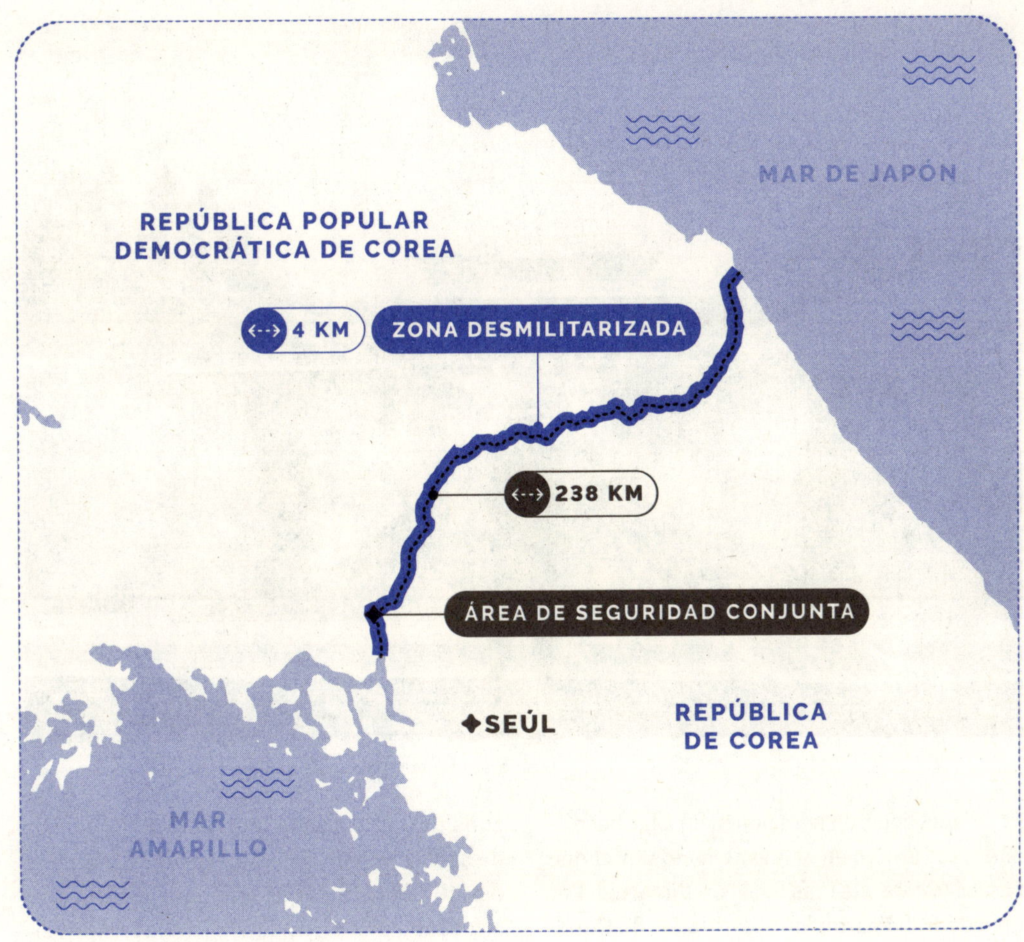

como una colonia. La derrota japonesa en la Segunda Guerra Mundial cambió el escenario nuevamente. Los japoneses se fueron, pero los coreanos no pudieron liberarse del todo. Las potencias vencedoras, la Unión Soviética y Estados Unidos, se repartieron el control de la península, algo así como lo que sucedió con Berlín. La división se estableció en aquel famoso paralelo, el 38 norte. Nacían, en 1948, Corea del Norte y Corea del Sur.

La paz duró poco en ese momento. Dos años después, tropas del norte quisieron invadir el sur y forzar la unificación. No lo lograron, y después de tres años de combates y millones de muertos, los límites quedaron más o menos como estaban antes de la invasión. No se firmó un tratado de paz, sino simplemente un armisticio. Esto ayuda a explicar que la tensión haya sobrevivido tanto tiempo. Técnicamente, la guerra nunca terminó.

El área de seguridad conjunta, emblema de la frontera coreana.

Aquel acuerdo para poner fin a las hostilidades se rubricó en el lugar exacto por el que pasaba la ruta que unía Seúl con Pionyang. Por un lado lo firmaron las autoridades de Corea del Norte, pero por el otro lo hicieron representantes de la ONU, ya que los norcoreanos no reconocían a sus vecinos del sur. Las consecuencias de aquel acuerdo de 1953 son múltiples. No solo puso fin a los enfrentamientos armados, sino que estableció de qué manera quedarían divididos los dos países.

La frontera entre Corea del Norte y Corea del Sur se extiende a lo largo de 238 kilómetros, entre el mar Amarillo y el mar de Japón. Sin embargo, entre ambos Estados hay una zona desmilitarizada que tiene 4 kilómetros de ancho. Parece un oxímoron llamarla zona desmilitarizada, ya que está repleta de fuerzas armadas a uno y otro lado, pero la terminología castrense es así. Dentro de esa franja, también conocida como DMZ (*demilitarized zone*) por sus siglas en inglés, nos encontramos con el área de seguridad conjunta. Es la parte de los famosos edificios azules, donde soldados de ambas nacionalidades pueden convivir sin demasiado conflicto. A su vez, dentro de este lugar está la línea de demarcación militar. En rigor este sería el punto que tendríamos que marcar para determinar dónde termina un país y dónde comienza otro.

INCLUSO HAY UN ANFITEATRO EQUIPADO CON BUTACAS DE CINE ORIENTADAS HACIA UN GRAN VENTANAL A TRAVÉS DEL CUAL SE PUEDE VER EL PAÍS VECINO.

Desde el centro de Seúl es posible llegar a la DMZ en menos de dos horas. A medida que se avanza hacia el norte ya no hay parques públicos a ambos lados del Han, sino que rápidamente son reemplazados por varias líneas de cerco coronado por alambre de concertina y puestos de vigilancia militar, uno detrás del otro. En rigor es posible ingresar en Corea del Sur o del Norte navegando por las aguas del río Han. Aunque, claro, difícilmente se llegue al otro lado con vida.

Al mismo tiempo, visitar la DMZ es uno de los atractivos turísticos más importantes del país que ocupa la porción meridional de la península. Basta con googlear "qué hacer en Corea del Sur" para conocer toda la diversidad de tours y experiencias que se pueden contratar. A lo largo de la frontera hay muchos puntos que se pueden visitar, pero la mayoría de los turistas se dirigen a la ciudad de Paju, que concentra una buena cantidad de lugares de interés y está muy próxima a Seúl. Según el estado de las relaciones entre ambas Coreas y si ha habido incidentes recientes en la frontera es posible acercarse más o menos a la línea de demarcación militar. A los sitios más próximos a la DMZ solo se puede acceder contratando un recorrido con una empresa habilitada por las autoridades.

La frontera del lado surcoreano es, como mínimo, un lugar insólito. Hay parques de atracciones, locales de comida rápida, megaestacionamientos, tiendas de suvenires, un teleférico y muchos lugares en los que el atractivo es simplemente ver Corea del Norte. Incluso hay un anfiteatro equipado con butacas de cine orientadas hacia un gran ventanal a través del cual se puede ver el país vecino. Claro, allí enfrente se encuentra uno de los países más herméticos y misteriosos del mundo, y espiar lo desconocido resulta muchas veces fascinante. Según el estado del tiempo es posible ver pueblos norcoreanos y hay binoculares públicos con los que se alcanzan a ver vehículos y hasta personas al otro lado del límite.

Al mismo tiempo, la presencia militar a medida que nos acercamos a la DMZ es total, y es curioso cómo convive con los puntos más turísticos. Hay que atravesar varios controles y hay un momento en que suben soldados al bus para controlar la documentación de cada uno de los visitantes. También los caminos están llenos de vehículos militares, e incluso se ven soldados apostados en tanques que parecen estar listos para disparar.

La zona desmilitarizada no solo tiene su atractivo en la parte turística, esa en la que se firmó el tratado porque se encontraba en la ruta Seúl-Pionyang, sino que todo su trazado es llamativo. Como se acordó un colchón de 4 kilómetros casi sin presencia humana, la naturaleza avanzó, por lo que vemos una vegetación muy frondosa y especies de animales que escasean en el resto de la península. No obstante, en el lado norcoreano los árboles están talados. La explicación que dan desde el sur es que los comunistas lo hacen para tener una mejor visibilidad y controlar con mayor efectividad a posibles desertores. Claro, ningún norcoreano puede irse libremente de su país.

Existen varias historias de desertores que han logrado escapar del régimen y que cuentan las atrocidades que suceden dentro. Culto a la personalidad, torturas, trabajos forzados. Es imposible acceder a información fuera de la que propone el gobierno. Todo en favor del mantenimiento del régimen y de la propia ideología.

De regreso a la zona desmilitarizada, hay dos pequeños lugares, uno a cada lado de la frontera, que sí tienen población. O, al menos, eso parece. Kijong-dong es un lugar rarísimo. Queda en el lado norcoreano y, según el gobierno, allí viven unas 200 familias. En la distancia se pueden ver varios edificios y la silueta de un pueblo normal. Sin embargo, según dicen los surcoreanos, en realidad es un pueblo fantasma. Nadie vive allí realmente, sino que es un instrumento de propaganda.

DE TODAS LAS FORMAS DE EXPERIMENTAR LA DMZ, DESCENDER A UNO DE LOS TÚNELES POSIBLEMENTE SEA LA MÁS INTENSA DE TODAS.

En el lado surcoreano se encuentra Daeseong-dong, donde viven más de 200 personas. Todas vivían allí antes de que estallara la guerra o son descendientes directos de aquellos pobladores. Ninguna otra persona está habilitada a mudarse al pueblo, que solo puede recibir visitantes con permisos especiales.

Es un lugar muy extraño y vivir allí tiene ventajas y desventajas. Por un lado, los habitantes cuentan con grandes extensiones de tierra para dedicarse a la agricultura, por lo que tienen ingresos muy altos. Además, están exentos de pagar impuestos y del servicio militar, que es obligatorio para el resto. En contraposición, viven supervigilados: deben portar identificaciones especiales y atravesar varios puntos de control para entrar o salir del pueblo. A esto se añade que deben estar en sus hogares al atardecer, porque cada noche se hace un recuento de la población. El objetivo es asegurarse de que no haya infiltrados norcoreanos o que no falte ninguna persona.

El túnel construido por los norcoreanos desde la óptica surcoreana.

DORASAN ES UNA **ESTACIÓN DE TREN** RENOVADA Y LISTA PARA UNIR A DOS PUEBLOS QUE, HISTÓRICAMENTE, FUERON UNO.

Sin embargo, no solo lo que pasa en la superficie tiene su particularidad. Bajo tierra también encontramos historias únicas. En las épocas de mayor tensión, en plena Guerra Fría, el riesgo de una invasión parecía incontenible y la creatividad se puso al servicio del conflicto. Corea del Norte desarrolló una serie de túneles secretos para llegar hasta su vecino del sur. El objetivo era estar preparados para enviar pelotones en caso de un ataque sorpresa. De todas formas, en Pionyang lo niegan: dicen que eran túneles para extraer carbón, a pesar de que no es una región que se dedique a esta actividad. Con el tiempo los surcoreanos descubrieron estos 4 túneles, aunque algunas fuentes creen que se cavaron unos 20 en total.

De todas las formas de experimentar la DMZ, descender a uno de los túneles posiblemente sea la más intensa de todas. De hecho es una de las pocas maneras de ingresar realmente en la DMZ, solo que es posible hacerlo varios metros bajo la superficie.

El tercer túnel que se descubrió está en las proximidades de Paju, a pocos minutos de otros sitios de interés. No está permitido descender con cámaras fotográficas ni móviles y los visitantes reciben un casco para que se protejan la cabeza. En primera instancia se avanza por el túnel que crearon los surcoreanos para interceptar el norcoreano. Es un túnel moderno, cilíndrico y con bastante pendiente. Después de 400 metros en descenso se llega, efectivamente, al túnel norcoreano y resulta increíble que permitan estar allí. Es posible permanecer en un túnel mínimo, parcialmente inundado, repleto de turistas y a pocos metros de Corea del Norte.

Se puede avanzar casi 300 metros en dirección al país vecino por un túnel irregular, de apenas 2 metros de ancho, asegurado con andamios y en el que en la mayoría del trayecto no es posible estar completamente erguido. Al final del recorrido hay una barricada y una pequeña ventana para espiar al otro lado. El túnel continúa hasta entrar efectivamente a Corea del Norte. En ese punto final del recorrido uno puede estar a tan solo 170 metros de la línea de demarcación militar.

Otro lugar imprescindible es la estación de tren de Dorasan. Se ubica a unos 600 metros de la zona desmilitarizada y por el nulo movimiento de pasajeros parece una estación fantasma. La señalización indica lo que sucedía en el pasado y, sobre todo, lo que se pretende que ocurra en el futuro: que la conexión continúe con rumbo al norte, hacia Pionyang. Es decir, se trata de una estación de tren renovada y lista para unir a dos pueblos que, históricamente, fueron uno.

En esta línea resulta útil rescatar la visión del periodista y analista político Robert Kaplan: "(...) el odio formalizado que se respiraba en ese escenario de alambradas y campos de minas probablemente quedará relegado a los anales de la historia en un futuro previsible. Cuando observamos el panorama de otros países divididos en el siglo xx —Alemania, Vietnam, Yemen—, salta a la vista que, independientemente del tiempo que haya perdurado la división, las fuerzas unificadoras acaban triunfando, de una forma no planeada, algunas veces violenta y rápida. Las zonas desmilitarizadas, como las del muro de Berlín, son fronteras arbitrarias, sin lógica geográfica, que dividen una nación étnica en el lugar en que dos ejércitos opuestos han decidido asentarse. Del mismo modo que Alemania se unificó, cabría esperar, o al menos deberíamos prever, una Corea unificada. Una vez más, es probable que las fuerzas de la cultura y de la geografía prevalezcan en un momento determinado".*

Un aspecto que puede resultar llamativo a los visitantes es que para los surcoreanos solo hay una Corea. No existe allí tal cosa como una Corea del Sur y otra del Norte; esos son agregados que se oyen en otras partes del mundo. Allí existe sencillamente "Corea". Esto es visible constantemente en los nombres de los lugares de interés, de los aeropuertos, de las oficinas públicas, de los equipos deportivos nacionales. Según cuentan, en el lado norcoreano sucede lo mismo. La pregunta surge naturalmente: ¿es una forma de negar o de incluir a sus vecinos? ●

* Kaplan, Robert D., *La venganza de la geografía,* RBA, 2017, p. 21.

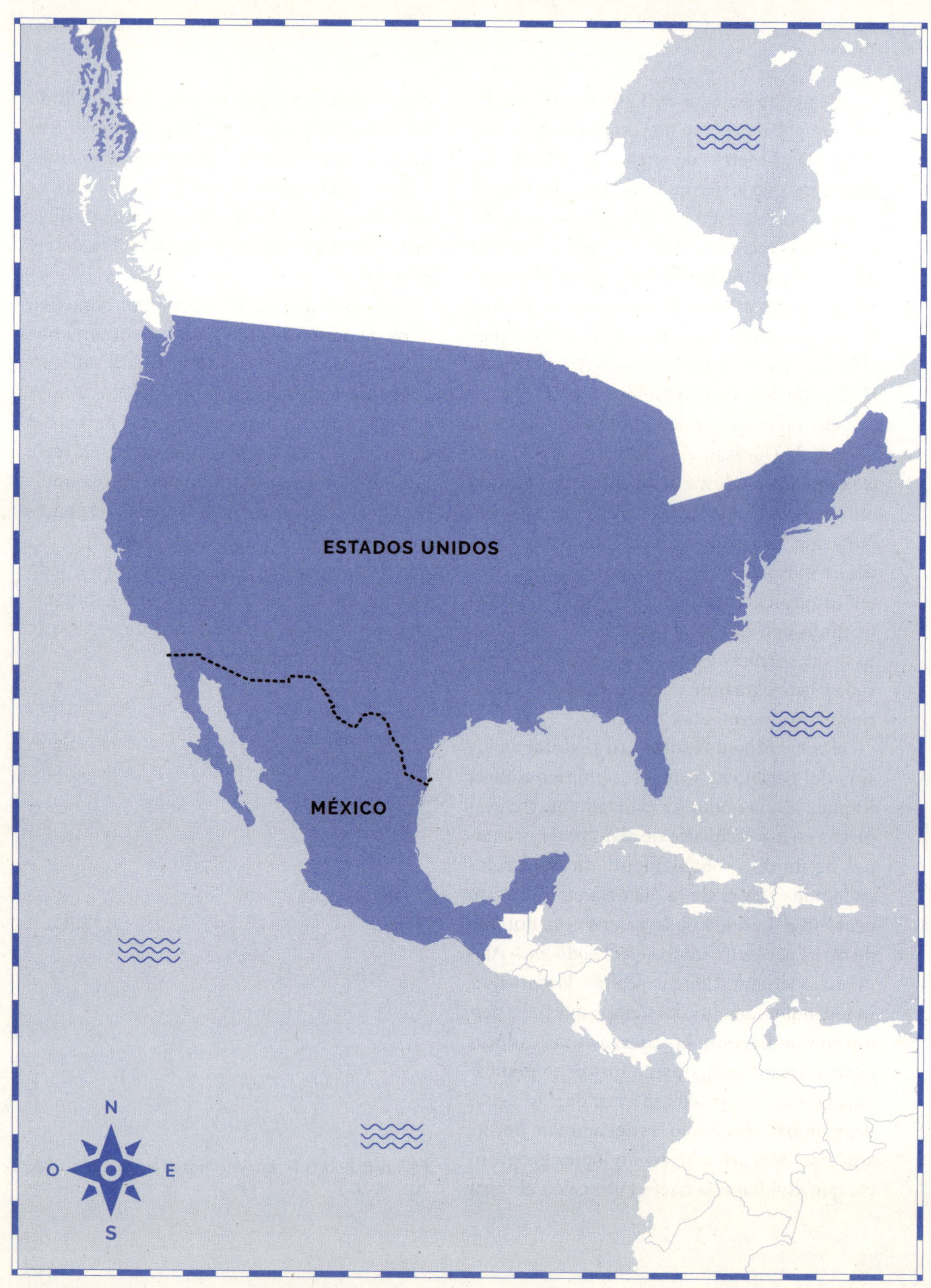
ESTADOS UNIDOS
MÉXICO
N
O
E
S

CAPÍTULO 19

MÉXICO-ESTADOS UNIDOS, EL DILEMA DEL MURO

Del vínculo histórico al oportunismo político.

Flujos demográficos y posibilidades económicas.

La barrera física, entre la posible solución y sus propios problemas.

No es la más extensa, la más desigual ni la más militarizada. Tampoco hay riesgos latentes de conflictos entre ambos países ni disputas sobre el trazado del límite. Sin embargo, la frontera entre México y Estados Unidos, donde se entrelazan la cultura, la historia, la economía, la política y la geografía, es una de las más relevantes de esta época.

Sus 3155 kilómetros se extienden desde el océano Pacífico hasta el golfo de México. Al norte, los estados de California, Arizona, Nuevo México y Texas. Al sur, Baja California, Sonora, Chihuahua, Coahuila, Nuevo León y Tamaulipas.

Hay unas trece aglomeraciones urbanas que se extienden a uno y otro lado del borde. De oeste a este, la estadounidense San Diego se encuentra frente a la mexicana Tijuana. Lo mismo sucede con Calexico y Mexicali, Nogales y Heroica Nogales, Naco y Naco, Douglas y Agua Prieta, Columbus y Puerto Palomas, El Paso y Ciudad Juárez, Presidio y Ojinaga, Del Río y Ciudad Acuña, Eagle Pass y Piedras Negras, Laredo y Nuevo Laredo, McAllen y Reynosa y Brownsville y Matamoros. En todos los casos la ciudad mexicana es la más poblada.

La marca que sí tiene esta frontera es que cuenta con la mayor cantidad de cruces registrados en todo el planeta. Por año son unos 350 millones de manera legal. Mucho más complicado es calcular los ilegales, que generan consecuencias muy diversas. Se estima que los pasos hacia el norte se acercan a otro millón por año. No se trata solo de mexicanos, sino que muchos de los migrantes proceden de otros lugares de Centroamérica y se trasladan para buscar un futuro mejor.

Una de las consecuencias de este flujo es la oportunidad de elaborar eslóganes políticos. Así lo entendió Donald Trump durante la campaña para las elecciones de 2016, las que lo catapultaron a la Casa Blanca. Además de su Make America Great Again, tal vez una de sus mayores consignas proselitistas se vinculó con la frontera sur: no solo era necesario construir un muro, sino que México tendría que pagar por él. Espóiler: Trump ganó las elecciones, y México no pagó ningún muro.

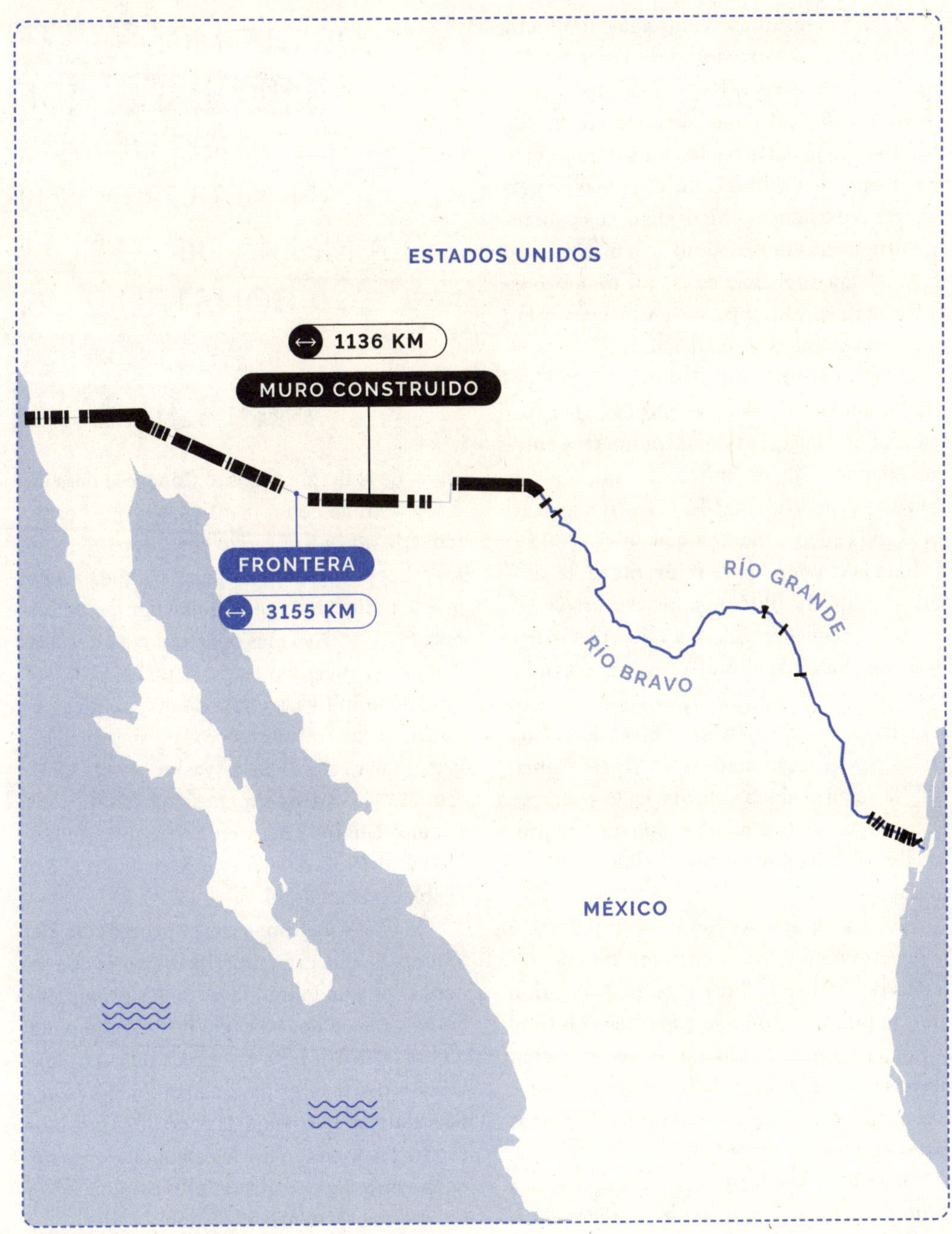
ESTADOS UNIDOS
1136 KM
MURO CONSTRUIDO
FRONTERA
3155 KM
RÍO GRANDE
RÍO BRAVO
MÉXICO

Aquel mensaje de campaña fue efectivo para el entonces candidato republicano: ofreció una respuesta fácil de entender y conectó con su electorado. No obstante, no fue del todo original. De hecho, los últimos cinco presidentes de Estados Unidos, a pesar de pertenecer a partidos políticos distintos y de tener propuestas muy disímiles, han avanzado en la misma dirección: construir un muro en la frontera sur. El objetivo, en principio, era lidiar con la inmigración ilegal.

El primero fue Bill Clinton. En 1993, el exgobernador de Arkansas encabezó la construcción de una cerca de 22 kilómetros entre San Diego y Tijuana, uno de los puntos más calientes de todo el trazado. Fue el inicio: marginal en la cuenta total, ya que cubría el 0,7 % de toda la frontera, pero relevante en lo simbólico, ya que habilitó un nuevo recurso.

En el siguiente ciclo político, con George W. Bush al frente, el muro tuvo un espaldarazo. Según datos de *The New York Times*, se levantaron vallas a lo largo de 804 kilómetros. Había pasado el atentado a las Torres Gemelas y la seguridad era prioritaria. Con Barack Obama esta política no cesó, sino que se profundizó: se añadieron otros 210 kilómetros de murallas.

Fue en esa época cuando Trump detectó la oportunidad y lo convirtió en uno de sus temas de campaña. Sin embargo, su gestión en este punto distó de lo esperado. En total se construyeron 737 kilómetros, pero la gran mayoría fue para reemplazar partes que estaban dañadas. Solo se sumaron 140 kilómetros nuevos en todo el trazado.

Joe Biden, a pesar de su retórica opuesta a Trump y al muro, implementó políticas simi-

LOS ÚLTIMOS CINCO PRESIDENTES DE ESTADOS UNIDOS HAN AVANZADO EN LA MISMA DIRECCIÓN: CONSTRUIR UN MURO EN LA FRONTERA SUR.

lares. Le solicitó fondos al Congreso para ese fin, y sostuvo como justificación que "el sistema de muro fronterizo entorpece e impide los cruces fronterizos ilegales porque permite que la policía tenga un mejor tiempo de respuesta y que haya más oportunidad de aplicar la ley de manera exitosa".

En definitiva, se trata de una política que atraviesa administraciones y que parece haber llegado para quedarse a Washington D. C. De esos 3155 kilómetros totales de frontera entre Estados Unidos y México, 1136 tienen una valla divisoria. Es decir, el muro es una realidad visible en el 36 % del total.

Más allá del imaginario promovido por Trump, de una gran muralla divisoria que separe a los estadounidenses de los criminales, los partidarios de la barrera física argumentan que resulta útil para las tareas de patrullaje. La guardia fronteriza, de esta forma, puede hacer mejor su trabajo: las personas que buscan ingresar en territorio estadounidense tienen menos lugares disponibles para hacerlo y estos sitios están más vigilados.

Una de las secciones de la frontera dividida por el muro.

Sin embargo, en el otro lado se brindan varios argumentos que cuestionan la efectividad del muro. En principio, por irrealizable. Hay secciones de la frontera que son propiedad privada, por lo que habría que avanzar con expropiaciones masivas. Otras forman parte de reservas indígenas. Por ejemplo, hay 100 kilómetros sobre los que se asientan los Tohono O'odham, una comunidad que existía antes que los Estados nacionales y que habita en el desierto de Sonora, tanto en la parte estadounidense como en la mexicana. Para este pueblo el muro implicaría separarse entre ellos y no poder acceder a tierras sagradas. A esto se suman los problemas ecológicos potenciales, ya que los animales no podrían cruzar como lo han hecho históricamente, lo cual afectaría la biodiversidad.

Mientras que en la parte occidental surgen estos inconvenientes, vinculados a la instalación de una enorme valla de contención en medio del desierto, en la sección oriental el problema es otro. Ya no son kilómetros y kilómetros, muchas veces en línea recta bajo un sol agobiante, sino que la frontera sigue el cauce de un río emblemático. En México se conoce como río Bravo y en Estados Unidos como río Grande. Por los acuerdos fronterizos entre ambos países no se puede alterar el devenir del curso de agua, por lo que es impensable levantar un muro allí. En definitiva, el río actúa como límite natural.

A esto se agregan otros cuestionamientos, como la enorme suma de dinero que se debe destinar a la construcción y el mantenimiento. Se estima que para cada kilómetro de valla son necesarios entre 10 y 25 millones de dólares, según la dificultad del terreno y el material utilizado. No obstante, el mayor precio del muro no es económico, sino humano. Se estima que, en promedio, muere una persona que busca atravesar el límite cada día.

De fondo, lo que sucede en esta icónica frontera no es tan distinto a un fenómeno que se registra en todas las latitudes. Cuando dos países vecinos tienen niveles de vida muy distintos los flujos migratorios crecen en un sentido obvio. Personas sin trabajo o con escasas oportunidades se trasladan para tener una mayor prosperidad.

En este caso particular se suman otros ingredientes históricos y geográficos. Respecto a la primera cuestión, lo que hoy vemos demarcado por un límite preciso era distinto hace un par de siglos. Décadas después de sus respectivas independencias de Inglaterra y España, Estados Unidos y México se enfrentaron directamente. Eran dos naciones incipientes y, si bien el país del norte había conseguido un mayor despegue, no era la gran potencia en la que se convirtió en el siglo 20.

Aquellas disputas dieron como resultado que México perdiera nada menos que dos tercios de su territorio. En la actualidad, aquellos mexicanos que se instalan en California, Arizona o Texas lo hacen en tierras que pertenecieron a sus antepasados y tienen una conexión que va más allá de lo que indica el borde fronterizo.

Respecto al segundo punto, la geografía también puede ser útil para comprender el fenómeno actual. Estados Unidos se ha asentado en un lugar privilegiado del planeta. La cuenca del río Misisipi tiene más extensión de vías navegables interiores que la suma de todas las del resto del mundo. Esto fue funda-

HAY SECCIONES DE LA FRONTERA QUE SON PROPIEDAD PRIVADA, POR LO QUE HABRÍA QUE AVANZAR CON EXPROPIACIONES MASIVAS.

mental para unificar y comunicar el territorio, pero también para comerciar con el exterior de manera económica. A esto se añaden las infinitas llanuras fértiles y la posibilidad de mirar tanto hacia la costa del Pacífico como hacia la del Atlántico.

México, en cambio, tiene otra realidad geográfica. El norte del país es un desierto árido donde la instalación humana es tortuosa. El sur tiene un clima selvático: la agricultura intensiva es muy difícil y también la construcción de caminos, por los altos niveles de humedad. En el medio, los valles centrales, que otorgan mayores oportunidades y que han sido históricamente la zona más poblada del país. Actualmente el 51 % de los mexicanos vive en el 18 % del territorio nacional que se encuentra en esa franja. Esta desproporción demográfica a favor del centro del país no es una novedad. De hecho, se ha atenuado levemente en las últimas décadas. Las regiones que han sumado más habitantes en términos relativos se encuentran en el norte: Monterrey, Tijuana y Juárez son algunos ejemplos.

Lo que favoreció el crecimiento del norte fue el vínculo con Estados Unidos. Gracias a los acuerdos comerciales, desde 1967 las ciudades fronterizas mexicanas no pagan impuestos a la hora de exportar sus productos manufacturados. Eso produjo un boom de población en la frontera, que luego se amplió a otras zonas, ya que el acuerdo comercial abarca todo el país desde 1994. De esta forma, se instalaron grandes empresas que dieron trabajo a miles y miles de personas, lo que motivó un flujo migratorio interno que benefició al norte.

Así, ambos Estados han obtenido beneficios de esta relación. En México se producen fuentes de trabajo para abastecer a la primera economía del mundo. En Estados Unidos se reciben productos menos costosos.

Son dos países que, si bien son muy distintos, están unidos por una historia común y por una geografía que los tiene como vecinos. Parece improbable un futuro prometedor para uno a expensas del otro. Los más de 3000 kilómetros de frontera invitan a sus gobernantes a encarar las soluciones a los problemas actuales y futuros, incluidos los flujos migratorios. Resulta difícil concebir a Estados Unidos, un país ideado y apuntalado por inmigrantes, con una barrera física disuasoria para el exterior. Entre la cooperación como plan de largo plazo y la construcción de una muralla como réplica inmediata se ubican las posibles respuestas a los dilemas que hoy enfrentan. •

N
O
E
S

CAPÍTULO 20

PERICLAVES, CUANDO CRUZAR UNA FRONTERA ES LO MEJOR

No son exclaves, pero a veces lo parecen.

Dependencia de rutas y autoridades extranjeras.

Un territorio contiguo en los mapas, no tanto en la práctica.

En el capítulo dedicado a Nahwa y Madha descubrimos las diferencias entre enclave, exclave y hasta metaenclave. Sin embargo, no introdujimos otro concepto relacionado, aunque algo más enrevesado.

Casi tuvimos que inventar la palabra: periclave. La hemos visto en algunos lugares, pero en castellano no hay un término específico para describir este fenómeno. Nos inclinamos por esa opción, que competía con otras denominaciones posibles como "falso enclave" o "enclave práctico". En inglés se utiliza *pene-exclave*, lo que podría llegar a resultar polisémico en español.

Un periclave es un territorio que cuenta con una particularidad: si bien es contiguo al resto del país, para ir desde allí a otro lugar nacional hay que pasar por tierras extranjeras. Se distinguen por su accesibilidad, ya que para llegar a ellos es más fácil hacerlo desde otro país que desde el propio. Son lugares en los que un Estado nacional tiene soberanía contigua —ya sea por tierra o, en algunos casos, por agua—, por lo que no podemos hablar de exclave.

LOS PERICLAVES SE DISTINGUEN POR SU ACCESIBILIDAD, YA QUE PARA LLEGAR A ELLOS ES MÁS FÁCIL HACERLO DESDE OTRO PAÍS QUE DESDE EL PROPIO.

Este fenómeno puede tener diversas causas. En algunos casos los periclaves se encuentran detrás de montañas de difícil acceso o en lugares en los que es muy complicado construir caminos. En otros, lo que se interpone es el agua. En muchas ocasiones lo que sucede es que estas comunidades tienen una identidad muy particular, ya que desarrollaron un trato más directo y cotidiano con los limítrofes que con sus connacionales.

Hay diversos ejemplos de este tipo de lugares. Varios pertenecen a Estados Unidos: para conectarse con otro lugar del país es necesario pasar por Canadá. Esto sucede en Point Roberts, que se encuentra en el noroeste del país, al sur de la ciudad canadiense de Vancouver, en el estado de Washington. Se ubica, como buena parte de la frontera entre estos países, en el paralelo 49 norte. No obstante, la geografía generó una extraña situación: el territorio continental cuenta con una pequeña península que se extiende hacia el sur por debajo del paralelo mencionado, que es el límite entre ambos países. Por eso Point Roberts pertenece a Estados Unidos, a pesar de estar conectado por tierra solo con Canadá.

En rigor podemos llegar desde otro lugar de Estados Unidos a Point Roberts, pero para hacerlo debemos ir por aguas territoriales. Si preferimos hacer todo el trayecto por tierra tendremos que atravesar dos fronteras: para ingresar en Canadá y unos 40 kilómetros después, para regresar a Estados Unidos. De hecho, ese camino lo recorren a diario muchos jóvenes locales, ya que no hay una escuela secundaria en el pueblo.

En Point Roberts viven unas 1300 personas en 12 kilómetros cuadrados y existe un mito urbano que resulta muy atractivo de creer: se supone que muchos de los residentes participan del programa de protección de testigos y cuentan con nuevas identidades. No hay duda de que sería un buen lugar para esconderse, ya que es territorio estadounidense pero para llegar hay que atravesar dos controles migratorios.

Otra de las particularidades del lugar es que está repleto de canadienses que van a cargar combustible y a comprar alcohol y leche, ya que son más económicos que en su país de origen. De hecho, el precio de la gasolina se indica en litros y no en galones, como sucede en el resto de Estados Unidos.

Sin embargo, no es el único periclave entre estos dos países, sino que hay algunos más. El llamado Angle Inlet se ubica en el estado de Minnesota y es uno de los pocos territorios, fuera de Alaska, que está por encima del paralelo 49. De hecho, este es el punto más septentrional de los 48 estados contiguos. Esto se produjo por una cláusula del acuerdo fronterizo entre ambos países, que dispuso que el punto más al noroeste del lago de los Bosques pertenecería a Estados Unidos y que desde allí se trazaría la frontera hacia el sur.

Este lugar también es conocido como Northwest Angle y ahí solo viven un centenar de personas dispersas. Cuenta con una escuela pública y no hay personal de aduana: quienes crucen deben dirigirse a un lugar llamado Jim's Corner e informar por teléfono a las autoridades.

Cerca de allí podemos ver otros tres periclaves muy pequeños y deshabitados: Elm Point, que tiene 1 kilómetro de frontera, y las dos porciones aún más ínfimas de Buffalo Bay Point.

Otro falso enclave pequeño deshabitado y rarísimo pertenece al país más extenso del mundo, Rusia. El lago Peipus se encuentra en buena parte de su frontera con Estonia. No obstante, el trazado del límite genera un lugar llamado Dubki, al que para llegar por tierra sí o sí tenemos que salir de la Federación Rusa.

CANADÁ
EE.UU.
POINT ROBERTS
CANADÁ
EE.UU.
ANGLE INLET
CANADÁ
EE.UU.
ELM POINT
RUSIA
ESTONIA
DUBKI
COLOMBIA
VENEZUELA
CASTILLETES
ESPAÑA
ANDORRA
OS DE CIVÍS
ALEMANIA
AUSTRIA
JUNGHOLZ
BOLIVIA
ARGENTINA
LOS TOLDOS
DINAMARCA
ALEMANIA
VILMKÆRGÅRD

La Franja de Caprivi ya se exploró en el capítulo correspondiente. Sin embargo, lo que no adelantamos es que cuenta con un periclave. La isla Impalila es la más extensa de Namibia, con 18 kilómetros cuadrados. También es la parte más oriental, allí donde se extiende el extraño saliente de este país y por muy poco no se forma un cuatrifinio. Para conectarnos con el resto de Namibia tendremos que pasar por Botsuana. Se utiliza un transbordador para cruzar el río Cuando y desde allí podremos ir por tierra hacia el oeste. Después de 60 kilómetros llegaremos a Ngoma, donde hay un puente que cruza el mismo río, y desde allí sí tendremos caminos para circular por tierras namibias.

En el norte de Sudamérica nos encontramos con la península de La Guajira, un lugar que otorga un contorno muy particular a Colombia y a Venezuela. Si bien pertenece en buena medida a los colombianos, la parte oriental es venezolana. Allí comienza —o termina— el límite entre ambos países. En particular esto sucede en Castilletes, donde se encuentra el primero de los 603 hitos de demarcación que comparten ambas naciones.

Este lugar se encuentra en el golfo de Venezuela, que desemboca en el mar Caribe. La parte venezolana de Castilletes es una pequeña península que se extiende hacia el sur y está deshabitada. La única conexión por tierra se encuentra al otro lado del hito fronterizo; es decir, el lado colombiano.

En todos los casos vistos hasta el momento podríamos mantenernos siempre en el mismo país si vamos por aguas territoriales. Sin embargo, hay otro tipo de periclaves donde no participa el agua.

Os de Civís es un pequeño poblado español desconectado del resto del territorio. Está en los Pirineos y para llegar hasta él hay que pasar por Andorra. En rigor existe un camino en medio de las montañas en la dirección contraria, hacia el resto de España, pero casi nadie lo utiliza por las complicaciones que presenta.

Tiene menos de 100 habitantes, pero recibe muchos turistas. El pueblo andorrano más cercano es el aún más minúsculo Bixessarri, que solo cuenta con un puñado de casas. Está a solo 4 kilómetros y por el medio pasa la frontera entre España y Andorra. Es el único cruce entre ambos países que no está vigilado y en el que no hay que hacer trámites migratorios. Si llegamos a Os de Civís no podremos ir mucho más allá y no tendremos acceso al resto de España, a pesar de ser un territorio contiguo.

En Europa y en medio de las montañas hay más casos. En particular, Austria cuenta con tres lugares que son accesibles solo mediante territorio de Alemania. El primero es el más llamativo: Jungholz. En él viven solo 300 personas y está unido al resto de Austria por un punto único: la cumbre de la montaña Sorgschrofen. En ese punto, en la cima de la montaña, se forma un cuatrifinio entre dos países: al norte está Jungholz y al sur Schattwald, ambos territorios de Austria; al este y al oeste aparecen Pfronten y Bad Hindelang, que forman parte de Alemania.

La conexión de Jungholz con el país vecino es muy grande. De hecho, existe un acuerdo de libre comercio entre el pueblo y Alemania desde 1868, mucho tiempo antes de que se concibiera la Unión Europea. Tan grande es el vínculo que la mayoría de los pobladores nacieron en Alemania, ya que el hospital más cercano pertenece a ese país. Igualmente, todos cuentan con pasaporte austríaco.

Más extraño es lo que sucedió con el negocio financiero hasta hace poco tiempo. Este pequeño poblado de solo 7 kilómetros cuadrados llegó a tener la mayor densidad de bancos del mundo. Existían beneficios impositivos y casi nulas regulaciones vinculadas a la transparencia, por lo que había miles de millones de euros depositados en esta plaza offshore. En 2014 aumentaron los controles, por lo que el negocio desapareció.

El segundo periclave austríaco es el más conocido. En el valle de Kleinwalsertal viven unas 5000 personas, pero cada año llegan millones de turistas, atraídos por las posibilidades de esquiar y hacer senderismo.

El tercero es el menos famoso y el único que no tenía un acuerdo comercial con Alemania previo a la Unión Europea. Hinterriss-Eng tiene solo 34 residentes y para llegar a la cercana Innsbruck, que está a 18 kilómetros en línea recta, hay que recorrer 90 kilómetros y pasar por dos límites internacionales.

Como se puede suponer, todos estos lugares sufrieron grandes complicaciones en la época de la pandemia, ya que gobiernos de todo el mundo cerraron las fronteras nacionales. Así, muchos de estos pueblos quedaron especialmente aislados, debido a que dependen de sus vecinos en su vida cotidiana.

Sin embargo, hubo uno de estos pueblos que vio una luz de esperanza en ese contexto tan complicado.

Se trata de Los Toldos, ubicado en la provincia argentina de Salta, en el norte del país. Para conectarse con el resto del territorio nacional los pobladores viajan hacia el norte, cruzan el río Bermejo y llegan a Bolivia. Desde allí toman la ruta Panamericana y vuelven a Argentina unos 90 kilómetros después, en el cruce que va desde la ciudad de Bermejo hacia Aguas Blancas.

En 2020, en pleno aislamiento, se inauguró un camino que la comunicaba con Santa Victoria Oeste, que está a solo 30 kilómetros. Sin embargo, duró solo unos meses. La vegetación avanzó rápidamente y quedó poco del trazado que se había liberado. En la actualidad solo algunas motocicletas bien preparadas para el turismo de aventura transitan ese camino.

EN POINT ROBERTS EL PRECIO DE LA GASOLINA SE INDICA EN LITROS Y NO EN GALONES, COMO SUCEDE EN EL RESTO DE ESTADOS UNIDOS.

Los Toldos fue parte de Bolivia hasta 1938, cuando se llegó a un acuerdo limítrofe binacional y pasó a soberanía argentina. Los 1300 habitantes del pueblo se encuentran aún más aislados de lo normal en algunas situaciones. El puente que los une a Bolivia es algo precario y ante una subida del río queda inutilizable. Por eso tampoco tienen esa salida disponible en determinadas épocas del año.

No obstante, no es el único periclave que involucra a Argentina. Además de Los Toldos, en el noroeste del país, hay algunos en el sur, en la región patagónica que comparte con Chile. El más septentrional es Pirehueico, un pequeño puerto ubicado en la región chilena de Los Ríos. Es posible ir hacia otros lugares del país, pero para eso es necesario subirse a una embarcación. Si queremos ir por tierra, tendremos que tomar la única opción disponible, que es la ruta 203. El camino nos llevará a San Martín de los Andes, ya en el lado argentino.

Más al sur hay otros casos en las regiones de Aysén y Magallanes, las dos más australes de Chile. Si no tenemos en cuenta la reivindicación antártica, estas dos regiones suman 241 000 kilómetros cuadrados, pero allí solo viven 269 000 personas. Es decir, un territorio similar al del Reino Unido, pero con el 0,4 % de su población. En esa inmensidad existe una ruta, llamada Carretera Austral, que llega hasta Villa O'Higgins, un poblado cercano al monte Fitz Roy. En toda esta zona algunos de los pueblos están conectados entre sí, pero no con la parte central del país. Para eso es necesario cruzar la cordillera en dirección a Argentina y luego volver a tierras chilenas.

Hay otro periclave entre estos dos países, pero en sentido inverso. La isla Grande de Tierra del Fuego tiene un 44 % de territorio argentino. Obviamente no podremos llegar por tierra, ya que es una isla y no tiene un puente que la una al continente. Pero el único servicio de transbordadores disponible para cruzar el estrecho de Magallanes conecta puertos chilenos. De hecho, podemos cruzar en automóvil. En total tendremos que conducir 220 kilómetros por Chile, tanto antes como después de tomar un ferri, para volver a ingresar en Argentina.

Del extremo meridional del continente podemos regresar al septentrional, porque queda otro pueblo de Estados Unidos más conectado a Canadá que al resto de su país. Se trata de Hyder, ubicado en el sureste de Alaska, donde viven menos de 100 personas. Está en medio de las montañas, igual que Os de Civís. Es el único lugar al que podremos acceder a territorio de Estados Unidos legalmente sin pasar por un control fronterizo, ya que se cerró hace varias décadas. En sentido contrario no sucede lo mismo, ya que Canadá sí mantiene el puesto.

Igualmente, el ejemplo más extremo que encontramos de un periclave está en Europa, en la frontera entre Alemania y Dinamarca. Allí se ubica una granja llamada Vilmkærgård. Está en Dinamarca y la parte trasera de la propiedad se conecta con ese país. Sin embargo, si abrimos la puerta de la casa y salimos a la calle, ya estaremos en territorio alemán.

No son enclaves ni exclaves, aunque a veces parezca que sí. Puede que un mapa no nos advierta demasiado sobre esta particularidad, pero allí están los periclaves, esos lugares que nos invitan a cruzar una frontera. •

N
O
E
S

CAPÍTULO 21

SOMALILANDIA, LA PARADOJA DEL PAÍS SIN RECONOCIMIENTO

Territorio, población y gobierno, pero no reconocimiento.

Más estable y democrático que sus vecinos.

Por qué la comunidad internacional le da la espalda.

En 1933 se realizó la séptima conferencia internacional de Estados americanos. En total fueron diez encuentros de este tipo que se llevaron a cabo entre 1889 y 1954. Pero este, más conocido como Convención de Montevideo, pasó a la posteridad por un hecho concreto: al concluir se firmó un tratado internacional que definió lo que es un Estado.

El artículo 1 del documento producido tras esa convención sostiene que para que una entidad sea considerada un Estado debe reunir cuatro elementos: población permanente, territorio determinado, gobierno y capacidad de entrar en relaciones con los demás Estados. Con el tiempo esta definición comenzó a conocerse en el ámbito de las relaciones internacionales como teoría declarativa. Es decir, para determinar qué es (o no) un Estado nacional debemos observar si cuenta con esos cuatro componentes. Se contrapone a la teoría constitutiva, según la cual un Estado es aquel que es considerado de esa manera por los demás Estados. En definitiva, y a riesgo de que parezca un trabalenguas, un Estado es aquel que el resto de los Estados creen que es un Estado.

Los detractores de la teoría declarativa sostienen que puede ser algo arriesgado tomar esta definición como válida, ya que se abriría la posibilidad de que algunas entidades reclamen su título a pesar de que no muchos las tomen demasiado en serio. Son los casos de la República Libre de Liberland, que ha merecido un capítulo aparte, o del Principado de Sealand, que lo tuvo en el libro anterior de Un Mundo Inmenso.

QUE SOMALIA TENGA UN GOBIERNO CENTRAL QUE CONTROLE TODO EL TERRITORIO QUE APARECE DELIMITADO EN LOS MAPAS ES UNA FICCIÓN.

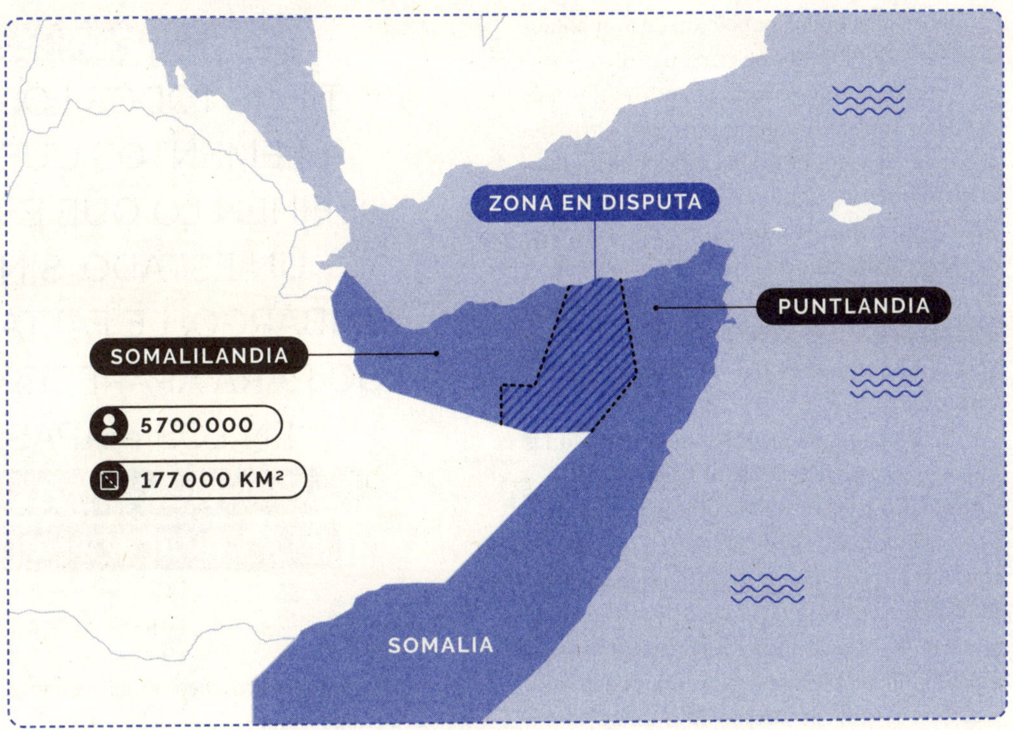

En nuestros días existe un caso muy particular de una entidad que cumple con los requisitos de Montevideo pero lo tiene difícil para ser integrada como un par en la comunidad internacional. Se trata de la República de Somalilandia.

Si nos fijamos en cualquier mapa político en el que aparezca el Cuerno de África —esa región oriental del continente que tiene costa en el Índico y que está frente a la península arábiga— podremos diferenciar cuatro países: Etiopía, Eritrea, Yibuti y Somalia. Así lo indica casi cualquier fuente que consultemos, incluidas las Naciones Unidas o la Unión Africana. Sin embargo, que Somalia tenga un gobierno central que controle todo este territorio que aparece delimitado en los mapas es una ficción. Desde Mogadiscio, la capital, existe autoridad sobre esa ciudad y sobre poco más.

En el norte de lo que se supone que es Somalia nos encontramos con Somalilandia. El territorio que se controla desde Hargeisa, la capital, es de 177 000 kilómetros cuadrados, similar a la superficie de Uruguay. Tiene costa en el golfo de Adén y limita con Yibuti, Etiopía y Somalia, país que no reconoce ninguna frontera allí, ya que reivindica todo el territorio como propio. En particular Somalilandia limita con Puntlandia, que es otro Estado autogobernado, aunque no se reconoce independiente, sino autónomo dentro de una gran Somalia.

Se calcula que la población de Somalilandia es de 5,7 millones de personas. Este Estado declaró su independencia en 1991 después de haber sufrido un bombardeo por parte del gobierno central. Las tensiones no eran nuevas, sino que se remontaban a la época de la descolonización. Tres países europeos habían ocupado distintas partes del territorio, que se conocieron como Somalia francesa, británica e italiana. Hoy se corresponden con Yibuti, Somalilandia y el resto de Somalia, respectivamente.

En 1960, en plena etapa de declaraciones de independencia en el continente, se llegó a un acuerdo para que Somalilandia dejara de ser una colonia. Más de 30 países reconocieron a un nuevo Estado, que se sumaba a la comunidad internacional el 26 de junio de aquel año. Sin embargo, cinco días después la colonia italiana también se declaró independiente y ambos acordaron unirse bajo un gobierno común. De ese modo se creó la República de Somalia, algo así como lo que hoy se reconoce como un país.

Somalia es tal vez el mejor ejemplo de lo que se considera un Estado fallido. No puede brindar casi ninguna de las tareas que le corresponden, como justicia, seguridad o control de las fronteras. Son clanes locales los que deciden lo que se puede y no se puede hacer. En cambio, la realidad en Somalilandia es distinta. Para empezar, es uno de los regímenes más democráticos de la región. Existen elecciones libres con observadores internacionales, se presentan candidatos opositores y hay alternancia en el gobierno. Incluso cuenta con una tecnología avanzada para el momento del sufragio: utiliza un sistema biométrico para reconocer a los votantes mediante un escáner del iris de la persona.

SOMALILANDIA TIENE TODOS LOS ELEMENTOS QUE DEFINEN LO QUE ES UN ESTADO. SIN EMBARGO, LE FALTA ALGO PARA APARECER EN LOS MAPAS: RECONOCIMIENTO INTERNACIONAL.

En cuanto a la forma de gobierno, además de un presidente que ejerce el poder ejecutivo, cuenta con un sistema bicameral para el legislativo. Allí se encuentran la cámara de representantes y la de ancianos, mediante la que se da un espacio a los clanes tradicionales. Esta combinación dio una estabilidad especial al régimen. Desde 2001 tiene una constitución que fue aprobada en un referéndum popular y cuenta con un sistema de justicia, aunque es cierto que no es la panacea, ya que existen denuncias de que la libertad de prensa es reducida y que voces disidentes son acalladas.

También emite su propio dinero, el chelín somalilandés, aunque difícilmente se pueda cambiar fuera del propio territorio. Algo similar ocurre con el pasaporte: si bien expide documentación, tiene un valor casi nulo fuera de los límites del país. Incluso cuenta con fuerzas policiales y armadas y tiene su propia bandera.

En definitiva, tiene todos los elementos necesarios que definen lo que es un Estado según la Convención de Montevideo. Sin embargo, le falta algo para aparecer en los mapas: reconocimiento internacional. Ningún otro país del mundo da cuenta de lo que sucede en realidad y le siguen dando al gobierno en Mogadiscio la potestad sobre todo el territorio, aunque se trate de una ficción.

El gobierno de Somalia, mientras tanto, no tiene elecciones libres ni controla el territorio. Sin embargo, la comunidad internacional lo reconoce como el legítimo gobierno de toda la zona. La explicación a esta decisión hay que buscarla en el delicado equilibrio de las fronteras africanas. Muchas de ellas han sido impuestas desde afuera y tienen poca relación con lo que sucede en el ámbito cultural e histórico. Por eso persisten decenas de reclamaciones territoriales, movimientos independentistas y regiones con identidades muy diferenciadas de la nacional. Algunos casos son Biafra en Nigeria, Cabinda en Angola, Togolandia Occidental en Ghana o Cirenaica en Libia.

Los países extranjeros y los organismos internacionales creen que acoger a Somalilandia en la comunidad internacional podría generar una catarata de reclamaciones en el continente. Desde la independencia de la mayoría de los países africanos en la década de 1960 ha habido pocos cambios en el mapa político. En las últimas cuatro décadas se han creado dos países: Eritrea y Sudán del Sur. Se independizaron de Etiopía y Sudán, respectivamente.

En vez de ser un espaldarazo a las iniciativas somalilandesas, estos casos juegan en su contra. Se trata de Estados frágiles que no han logrado avances notorios en cuanto a estabilidad o reducción de la pobreza. De hecho, casi todo el oriente de África está en una situación delicada, con países que se debaten entre dictaduras y regímenes en retroceso, por lo que hasta se consideró a Somalilandia como el más democrático de toda la región.

Mientras tanto, el gobierno sigue avanzando en distintos planes que le permitan acercarse al reconocimiento. Por eso mantiene conversaciones con Taiwán, otro Estado que tiene entre sus prioridades esta cuestión. También llegó a un acuerdo con Emiratos Árabes Unidos, país que se convirtió en uno de sus grandes aliados regionales. En 2016 se llegó a un entendimiento con la compañía emiratí DP World para mejorar el puerto de Berbera, que se encuentra en un lugar privilegiado por las condiciones geográficas y por su ubicación para el comercio. El acuerdo inicial estipulaba que se invertirían unos 400 millones de dólares, por lo que sería la inversión más grande de la historia del país.

El otro aliado regional de los somalilandeses es Etiopía. De hecho, el proyecto mencionado tiene tres accionistas: DP World, Somalilandia y Etiopía. Para los etíopes es clave para su desarrollo. Con casi 110 millones de habitantes, se trata del país más poblado del mundo que no tiene salida al mar. A pesar de que existen varios casos de Estados sin litoral que han logrado desarrollarse —Suiza, Liechtenstein, Luxemburgo y Austria están entre los más ricos del mundo y no tienen costa—, en términos generales existe cierta desventaja. De hecho, los países sin salida al mar tienen un ingreso per cápita un 15 % menor que los que sí tienen costa.

En particular, existen estudios que han explorado las dificultades de los países sin litoral para insertarse en la economía global. Por ejemplo, un organismo de la ONU estimó que tienen entre un 30 % y un 40 % más de costo en su comercio internacional respecto a los que sí tienen puertos propios. Esto no solo se explica porque deben cubrir mayores distancias, sino también por la existencia de trabas burocráticas y sanitarias o por la incertidumbre para cumplir plazos de entrega. Por todo esto, para Etiopía se trata de una cuestión central. Con la independencia de Eritrea en 1993 este país perdió una salida soberana al océano y ha buscado distintas alternativas. Por ejemplo, el pago de 1500 millones de dólares anuales a Yibuti para poder utilizar sus puertos.

Para evitar esta costosa opción los etíopes miraron hacia Somalilandia y exploraron un acuerdo muy particular en el que ambos gobiernos obtienen lo que más desean. En 2024 las autoridades de Etiopía y Somalilandia firmaron un memorándum de entendimiento, según el cual los etíopes obtendrían mediante un arrendamiento un acceso de 20 kilómetros en el puerto de Berbera durante cincuenta años. A cambio, reconocerían formalmente a Somalilandia como un Estado soberano.

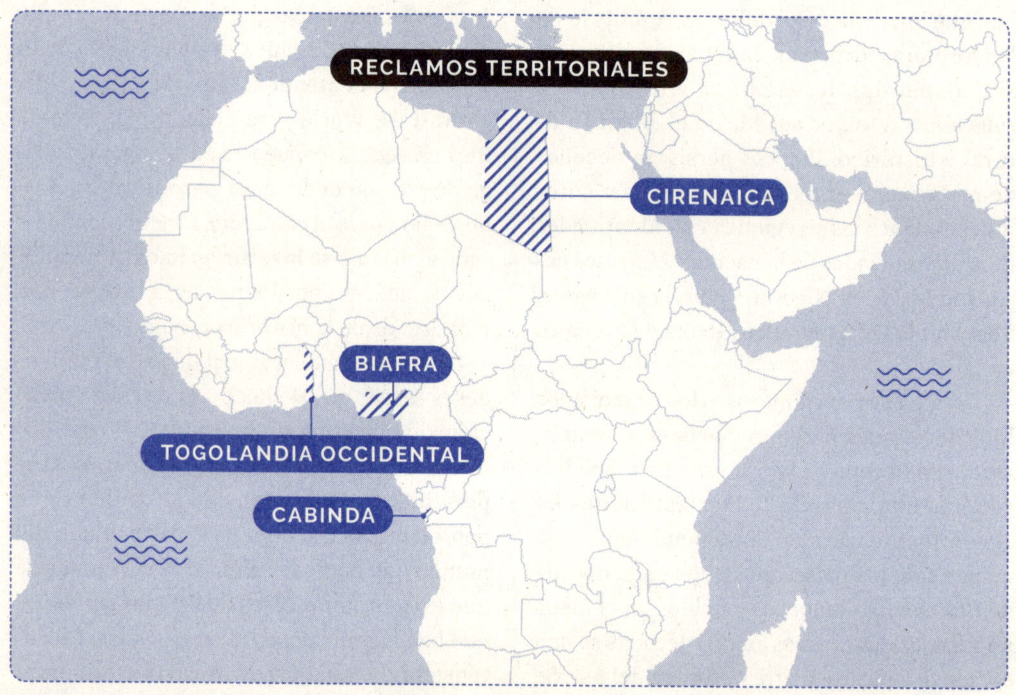

ETIOPÍA Y SOMALILANDIA FIRMARON UN ACUERDO: ACCESO AL PUERTO A CAMBIO DE RECONOCIMIENTO.

Justamente Etiopía es el origen más frecuente de los turistas que buscan conocer Somalilandia. También es posible llegar por tierra desde Yibuti o incluso en avión —hay un aeropuerto internacional en Hargeisa—, o por mar hacia Berbera, aunque esta última opción parece algo más arriesgada. No es el destino más típico del turismo internacional, es cierto. Sin embargo, Somalilandia podrá ser más amigable y menos arriesgado que otros países de la zona. Tal vez el mayor atractivo del país sean las pinturas rupestres de Laas Geel, que están entre las más famosas y mejor conservadas del mundo. Algunos calculan que tienen 20 000 años de antigüedad.

Para Somalilandia contar con una industria turística más desarrollada sería de gran ayuda. A pesar de gozar de mayor estabilidad que varios de sus vecinos, tiene los problemas propios de un país sin reconocimiento. Por ejemplo, no tiene acceso a fondos de organismos multilaterales, ya que todos reconocen a Mogadiscio. Las remesas que llegan desde el extranjero se han vuelto fundamentales para la economía somalilandesa. No obstante, ninguna es tan emblemática como la de Mo Farah, el atleta que cuenta con una organización benéfica en su tierra natal.

Ganador de cuatro medallas de oro en los 5000 y los 10 000 metros en los Juegos Olímpicos de Londres 2012 y Río de Janeiro 2016 bajo la bandera del Reino Unido, Farah reveló su verdadero origen en 2022. No era oriundo de Mogadiscio como se suponía, sino de Somalilandia. A los 9 años lo llevaron engañado a Londres, donde vivió bajo un régimen de servidumbre. Luego su situación cambió, ya que pudo ir al colegio, ser acogido por una familia somalí y obtener documentación británica. El deporte fue un salvoconducto para él.

Una vez que se retiró de la alta competición relató su verdadera historia y hasta el nombre que le dieron sus padres: Hussein Abdi Kahin. Seguramente sea la persona nacida en Somalilandia más famosa en el extranjero. Sigue visitando a los familiares que se quedaron en su lugar de origen de manera asidua.

Los somalilandeses han podido forjar una nación más democrática y estable que las de varios de sus vecinos. A pesar de que sin duda cuentan con todos los elementos propuestos por la Convención de Montevideo, viven en esa paradoja, en ese limbo de habitar un Estado que no cuenta con el aval de la comunidad internacional. •

REPÚBLICA DOMINICANA
HAITÍ
N
O
E
S

CAPÍTULO 22

REPÚBLICA DOMINICANA Y HAITÍ, LA FRONTERA QUE CONTRASTA

Un Estado fallido junto a una economía en crecimiento.

Colonialismo, corrupción y catástrofes naturales que afectaron de distinta forma.

Un límite que se ve desde los satélites.

Son dos países que comparten una isla. Sin embargo, en la actualidad parece que no mucho más. A un lado hay pobreza, violencia, terremotos, huracanes y destrozos. Al otro, turismo, industria y una economía en crecimiento.

Haití y República Dominicana tienen realidades tan distintas que parece que se ubiquen en las antípodas uno del otro y no que ambos habiten La Española, la cuarta isla más grande del mundo que cuenta con una frontera internacional. A priori sabemos que la ubicación geográfica, los recursos naturales y las condiciones climáticas influyen, de un modo u otro, en el desarrollo y las potencialidades de los países. Por eso suele llamar tanto la atención que dos naciones que comparten la misma isla tengan realidades tan distantes.

Haití es el país más pobre de América y solo el 62 % de la población está alfabetizada. Aparece en el puesto 163 por su Índice de Desarrollo Humano, solo por encima de dos países asiáticos y varios africanos. República Dominicana, en cambio, tiene un ingreso per cápita cercano al promedio mundial, su alfabetización llega al 96 % en adultos y su Índice de Desarrollo Humano también se ubica cerca de la media del planeta. Ambos países tienen una población relativamente similar, de entre 11 y 12 millones de habitantes, aunque Dominicana ocupa el 63 % de la isla. Esto da como resultado que la densidad de población haitiana sea mucho mayor.

Está claro que la geografía no determina todo y podríamos pensar que las decisiones políticas o que los niveles de corrupción de Haití favorecieron que Dominicana lograra un mayor crecimiento que su vecino. Esto en parte es cierto, pero incluso la naturaleza parece jugarle a favor. El último desastre natural que afectó el lado oriental de la isla fue el huracán Georges, en 1998. Murieron 604 personas de siete países distintos. Después de esa tragedia Haití sufrió dos terremotos devastadores en 2010 y 2021 en los que murieron 320 000 personas y hubo más de dos millones de damnificados. ¿Podemos entonces hablar de que Haití simplemente tiene mala suerte o hay causas racionales que explican la situación?

En principio hay argumentos convincentes, pero no podemos dejar de encontrar un cierto grado de mala fortuna en un punto. Hay dos fallas de las placas tectónicas que atraviesan de forma latitudinal la isla. La que está al sur, llamada Enriquillo, abarca buena parte de Haití y pasa justo por las zonas más pobladas, incluida Puerto Príncipe. De hecho, el epicentro del devastador terremoto de 2010, uno de los más terribles de los que se tiene registro, estuvo a solo 15 kilómetros de la capital.

La historia también puede colaborar para dilucidar las diferencias entre ambas naciones. Después de la llegada de los europeos los españoles conquistaron toda la isla, pero a finales del siglo 17 cedieron la parte occidental a Francia. Haití se convirtió entonces en una colonia muy importante por los réditos económicos que brindaba. Como la mayoría de los indígenas había muerto a causa de enfermedades traídas desde Europa, los franceses enviaron miles y miles de esclavos africanos para explotar la caña de azúcar en el Caribe. Durante el siglo 18 llegaron 800 000 esclavos africanos a la colonia francesa. En aquellos años la parte occidental estaba mucho más desarrollada que la oriental, ya que España tenía que lidiar con muchas otras cuestiones además de lo que hoy conocemos como República Dominicana.

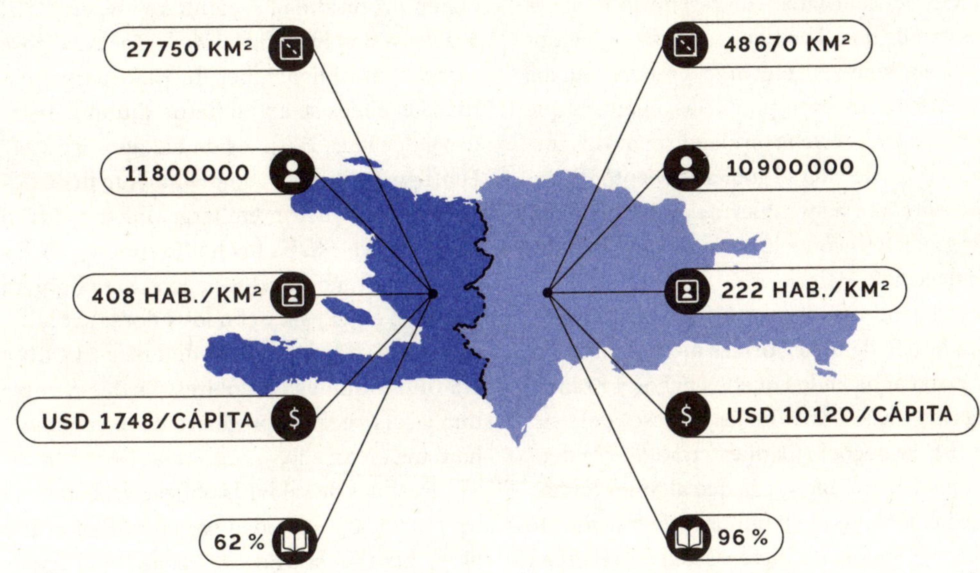

Todo cambiaría en la época de la Revolución Francesa. Los ánimos también estaban caldeados en América y los esclavos encabezaron una revuelta sin precedentes. De esta forma, en 1804 Haití proclamó su autonomía. Así se convirtió en el primer país independiente de América Latina.

Lo que siguió no fue fácil para la incipiente nación. Veintiún años después, en 1825, tres barcos franceses llegaron a Puerto Príncipe y exigieron reparaciones por la independencia. Al revés de lo que sucede en muchas guerras, fueron los vencidos quienes pidieron compensaciones. En este caso, por la renta que dejaron de recibir en la colonia y por los esclavos liberados. La cifra que se pedía era exorbitante: 150 millones de francos. Para tener un parámetro, unos años antes Francia había vendido Luisiana —un territorio 77 veces más grande que el haitiano— a Estados Unidos por 80 millones. Sin embargo, Francia contaba con el apoyo de otras potencias, mientras que Haití apenas se estaba formando como nación. Ante la encrucijada, el gobierno aceptó la deuda y evitó una nueva guerra con Francia, que por su parte reconoció formalmente la independencia de Haití.

La deuda era impagable para este nuevo Estado, que de todas formas intentó afrontarla. Hubo años en los que los pagos a Francia llegaron a ser el 40 % de los ingresos del país. En 1837 se negoció un nuevo tratado y la deuda de independencia, a la que algunos llaman rescate, se redujo a 90 millones de francos. De cualquier modo, los ingresos de Haití seguían sin permitirles hacer frente a esa enorme deuda que se les había impuesto. La solución fue recurrir a préstamos de bancos franceses y estadounidenses. Así, los haitianos no solo tenían de acreedor a Francia, sino también a entidades financieras, y debían pagar intereses.

DESPUÉS DE 122 AÑOS, EN 1947 HAITÍ PUDO LIBRARSE COMPLETAMENTE DE LA DOBLE DEUDA QUE LE HABÍA IMPUESTO FRANCIA.

Esta situación de la doble deuda se conoció en profundidad recientemente, en 2022, gracias a una investigación de *The New York Times*. Las obligaciones de Haití para efectuar los pagos se extendieron durante décadas y décadas. Después de 122 años, en 1947 Haití pudo librarse completamente de la doble imposición. Sin embargo, había un gran daño que ya estaba hecho. El dinero por las deudas a Francia y a los bancos, si se hubiera quedado en el país y con los valores actuales, se estima en un importe de entre 21 000 y 115 000 millones de dólares. Es decir, entre una y seis veces el producto de la economía haitiana en un año.

Después de saldar la obligación hubo una ventana de oportunidad para esta nación que no se aprovechó. En 1957 accedió al poder François Duvalier, quien conduciría luego una sangrienta dictadura hasta su muerte en 1971. Lo sucedió su hijo Jean-Claude, quien sería derrocado en 1986. Fueron años represivos y en los que se acentuó la desigualdad. Existe aún hoy en el país una pequeña élite millonaria y una enorme cantidad de gente que vive en la pobreza. A partir de entonces, con cierta presión internacional, se buscó construir una democracia y se llevaron a cabo elecciones libres, aunque también se sucedieron golpes de Estado y el país se mantuvo como el más pobre del continente.

En 2003 el entonces presidente Jean-Bertrand Aristide puso sobre la mesa un tema que no se había mencionado antes. Reclamó a Francia el monto exacto de 21 685 135 571,48 dólares por las pérdidas causadas por la injusta deuda que tuvo que pagar su país. Meses después, en medio de una situación social caótica, Aristide fue depuesto por un golpe de Estado con intervención de Estados Unidos y Francia. De hecho, el gobierno francés lo envió en un avión a República Centroafricana, otra excolonia.

Mientras tanto, ¿qué pasaba al este de la frontera? Dominicana tuvo sus propios vaivenes, como toda América Latina, aunque no tuvo que pagar ninguna deuda por su independencia. A pesar de haber sufrido en el pasado gobiernos autoritarios, en las últimas décadas ha sido una de las economías más pujantes de la región, sobre todo gracias al turismo, la industria, la agricultura y la minería. A pesar de tener también problemas de corrupción, Dominicana logró una mayor integración con la región y fue más atractiva para la inversión extranjera. Una ventaja respecto a su vecino es que en su territorio se habla español, mientras que en Haití prevalecen el criollo y el francés.

Hay otra enorme diferencia entre ambas naciones que se puede ver a simple vista en una imagen satelital. En pocos lugares del globo se puede delimitar exactamente una frontera en un mapa físico, y este es el caso gracias a la vegetación. Al este, verde; al oeste, tierra arrasada. En Dominicana el área selvática llega al 64 %, mientras que en Haití representa solo el 12 %. Casi todos los bosques nativos haitianos se talaron en la época colonial para dar paso a la explotación de la caña de azúcar. En la etapa posterior continuó la deforestación para explotar la madera y pagar la deuda con Francia. A esto se suma que el país sigue atrasado en sus recursos energéticos y la población ha utilizado históricamente el carbón vegetal. Dominicana, en cambio, no arrasó sus bosques y pudo importar combustibles, por lo que conserva una gran vegetación. Esta cuestión no es un detalle nimio, ya que ha protegido al país de varios de los desastres naturales que ha sufrido la isla, que, como hemos visto, han tenido un mayor impacto en el lado haitiano, lo cual no se explica solamente por la mala fortuna.

Con el tiempo aquel terremoto de 2010, además de la enorme devastación que trajo de forma inmediata, generó otros problemas. Por ejemplo, llegaron organizaciones y personas a ayudar desde distintos puntos del planeta. La ONU envió tropas desde Nepal, que, además de colaboración, llevaron cólera al territorio. En la siguiente década murieron 10 000 personas en Haití por el brote de esta enfermedad.

La inestabilidad nunca ha cesado en Haití. En 2021 fue asesinado el entonces presidente Jovenel Moïse, no hay elecciones desde 2016 y el Estado no tiene control de las calles, tomadas por pandillas violentas. Para tener una idea de la magnitud de la situación, a principios de 2024, en solo un mes, casi 100 000 personas dejaron Puerto Príncipe y se refugiaron en otras zonas del interior del país ante la escalada de violencia. Hasta los hospitales quedaron vacíos de pacientes: las pandillas los tomaron como centros de comando para sus actividades.

Ante esta situación son miles los haitianos que han buscado refugio en el extranjero. Muchos emigraron a América del Norte, pero también al único país con el que comparten frontera y que, además, cuenta con una economía más próspera. Dominicana está llena de haitianos, muchos ilegales, que realizan duras tareas en los sectores de la construcción y la agricultura. Para contener la oleada de inmigrantes, el presidente dominicano Luis Abinader anunció la construcción de un muro entre ambos países. La primera parte se inauguró a finales de 2023.

A pesar de ser dos pueblos que comparten geografía e historia, aún persisten muchos resquemores entre haitianos y dominicanos. A un lado recuerdan la invasión haitiana en el siglo 19, cuando República Dominicana estuvo bajo dominio haitiano durante veintidós años. Al otro, la llamada «masacre del Perejil», cuando en 1937 el entonces presidente Rafael Trujillo dio la orden de asesinar a alrededor de 20 000 haitianos.

Este sentimiento antihaitiano puede explicar el apoyo al muro entre los dominicanos. Sin embargo, en el fondo sucede lo mismo que en otras partes del mundo: ante una situación de desigualdad los inmigrantes llevan a cabo trabajos que los locales no quieren hacer y envían remesas a sus países de origen. Lo mismo que los millones de dominicanos que residen en el extranjero, principalmente en Estados Unidos y España.

Además, Dominicana saca un gran rédito comercial de su relación con el país vecino. En 2023, por ejemplo, el 7 % de las exportaciones de productos dominicanos tuvieron como destino Haití por un total de 950 millones de dólares. En sentido inverso solo se importaron productos por valor de 4 millones de dólares desde Haití, lo que equivale al 0,018 % del total.

La historia de su independencia, la deforestación, los gobiernos corruptos, la violencia, la xenofobia y las catástrofes naturales nos sirven para explicar por qué Haití se encuentra por detrás de su vecina República Dominicana en tantos aspectos. Dos países que comparten una isla, pero también una de las fronteras que, si pensamos en desigualdad, no deja lugar a las metáforas. •

EN POCOS LUGARES DEL GLOBO SE PUEDE **DELIMITAR** EXACTAMENTE UNA **FRONTERA** EN UN MAPA FÍSICO, Y ESTE ES EL CASO GRACIAS A LA **VEGETACIÓN.**

El contraste de la isla es indisimulable. Arriba: Haití, jaqueado por los desastres naturales. Abajo: las playas dominicanas, un imán para turistas extranjeros.

GUYANA
VENEZUELA
N
O
E
S

CAPÍTULO 23

EL ESEQUIBO, LA FRONTERA DISPUTADA EN SUDAMÉRICA

Un conflicto limítrofe con más de doscientos años de historia.

Una enorme región rica y despoblada.

Soberanía (y petróleo) en juego.

mérica Latina tiene un aspecto atípico respecto al resto del planeta: es una región violenta y pacífica. Parece una contradicción, pero los adjetivos responden a distintas dimensiones.

Es violenta en las calles. Así lo muestran los datos de la Oficina de Naciones Unidas contra la Droga y el Delito: en América hay 15 homicidios intencionales por cada 100 000 habitantes, la tasa más alta del mundo y muy por encima de la media mundial, que es de 5,8. Ecuador, Honduras, Venezuela, Colombia, México y Brasil son algunos de los países que engrosan la estadística.

Sin embargo, a la vez es pacífica, porque los conflictos bélicos entre los países que la componen son la excepción y no la regla. Se pueden identificar algunas guerras interestatales desde la época de la independencia, hace más de doscientos años, pero han sido relativamente pocas si comparamos con lo que sucede en buena parte del resto del globo. Por eso llama la atención que exista una frontera disputada, que incluye desafíos gubernamentales y hasta hipótesis de conflicto. Desde hace décadas el Esequibo es motivo de desencuentro entre Guyana y Venezuela.

Casi toda la comunidad internacional reconoce la soberanía guyanesa sobre esta región de casi 160 000 kilómetros cuadrados, una superficie solo un poco inferior a la de Uruguay. Tres cuartas partes del territorio que administra la República Cooperativa de Guyana se corresponden con el Esequibo. Los venezolanos, sin embargo, creen que la frontera se encuentra unos 200 kilómetros al este, junto al cauce del río Esequibo. Si Venezuela controlara ese territorio, superaría el millón de kilómetros cuadrados de superficie. Entre los países más grandes del mundo pasaría del puesto 32 al 28, por encima de Nigeria, Tanzania, Egipto y Mauritania.

TRES CUARTAS PARTES DE GUYANA SE CORRESPONDEN CON EL ESEQUIBO.

GUAYANA ESEQUIBA
159542 KM²
235000
VENEZUELA
GUYANA
SURINAM
BRASIL
RÍO ESEQUIBO

La Guayana Esequiba, como también se llama a esta región, es muy diversa. En el norte, en la costa, existe una influencia caribeña visible. De hecho, por eso se suele agrupar a Guyana y a su vecino Surinam —los dos países sudamericanos no latinos— con las pequeñas naciones insulares. Encontramos el ejemplo clásico en el fútbol: estos dos países, a pesar de estar en Sudamérica, no cuentan con una gran tradición y no compiten con sus vecinos de la Confederación Sudamericana de Fútbol (Conmebol). En cambio, disputan los torneos de la Confederación de Norteamérica, Centroamérica y Caribe de Fútbol (Concacaf), que llega hasta Canadá.

Toda la parte septentrional agrupa las zonas más pobladas. El 90 % de los habitantes de Guyana se concentra en el 5 % del territorio que está en la costa. Sin embargo, si vamos hacia el sur, el panorama cambia. Casi todo el país se encuentra en el escudo guayanés, una de las estructuras rocosas más antiguas de la Tierra. Allí podemos ver formaciones montañosas increíbles como el monte Roraima, una de las mayores atracciones turísticas de la zona. Se ubica en la triple frontera con Venezuela y Brasil. Aunque, claro, los venezolanos consideran que el trifinio está mucho más al este.

Así como cerca de la costa uno puede sentirse culturalmente en el Caribe, más al sur la geografía indica la pertenencia a Sudamérica. El paisaje se vuelve más selvático y se puede percibir la cercanía de la Amazonia. La sabana de Rupununi, al sur del país, abarca una enorme extensión. Allí se encuentran cuatro de las diez regiones de Guyana que no poseen costa, llamadas Cuyuní-Mazaruní, Potaro-Siparuní, Alto Tacutu-Alto Esequibo y Alto Demerara-Berbice. En todo ese territorio, similar al de Grecia o el doble que el de Panamá, solo viven 95 000 personas.

PARA VENEZUELA, EL ARBITRAJE DE 1899 NO FUE IMPARCIAL.

Los paisajes son cambiantes. Pastizales, humedales tropicales y matorrales a pocos kilómetros de distancia. Hay más de 25 especies endémicas de animales, muchos de ellos salvajes. La naturaleza regala también un lugar asombroso, las cataratas Kaieteur. Tienen un salto de agua de 227 metros y se encuentran dentro del parque nacional homónimo.

Aunque en la práctica toda esta región es administrada por Guyana, los venezolanos no renuncian a su reclamación, que se funda en lo que ha ido sucediendo durante más de dos siglos. En 1814 el Reino Unido le compró a Países Bajos una parte de sus territorios coloniales. Nacía, con capital en Georgetown, la Guayana británica, lo que hoy conocemos como Guyana.

En aquel tratado entre europeos no se definió cuál era la frontera occidental. Los venezolanos aseguran que era el río Esequibo: cuando se independizó la Gran Colombia allí se encontraba el límite entre ambos territorios. Sin embargo, con el paso del tiempo y según la óptica venezolana, los británicos traspasaron la frontera poco a poco hacia el oeste. Es más, aseguran que lo hicieron porque encontraron oro, lo que revitalizó la importancia económica de la zona.

Las cataratas Kaieteur poseen un salto de agua de 227 metros y son uno de los grandes atractivos de la zona.

A finales del siglo 19 Venezuela rompió relaciones con el Reino Unido por esta cuestión. Para resolver la disputa pidió la intervención de Estados Unidos, país que recomendó un arbitraje. En 1899 el Tribunal de París, creado para la ocasión, dictó un fallo favorable a los británicos. La colonia se quedaba, de esta manera, con el Esequibo.

Así se mantuvieron las cosas durante varias décadas. No obstante, medio siglo después se descubrieron documentos que mostraron que el tribunal no había sido imparcial, lo que reactivó las reclamaciones de Caracas. Los venezolanos protestaron ante la ONU y lograron un avance. En 1966 se firmó el acuerdo de Ginebra entre Venezuela, el Reino Unido y Guyana, unos meses antes de que lograra la independencia. Allí se acordaron los pasos que había que seguir para poner fin a la controversia limítrofe. Sin embargo, esto no sucedió.

El tiempo pasó y las reclamaciones venezolanas se reactivaron con más fuerza en la última década. Ante este escenario António Guterres, al frente de la ONU, estableció en 2018 que la Corte Internacional de Justicia de La Haya examinara el caso. Los venezolanos no estaban de acuerdo con esta decisión, ya que sostenían que se trataba de una cuestión que debían resolver de manera bilateral las dos naciones involucradas. En 2023 la Corte de La Haya rechazó los planteamientos de Venezuela, aunque todavía no se expidió sobre la cuestión de fondo.

Para los guyaneses, en el monte Roraima se encuentra la triple frontera con Brasil; para los venezolanos el trifinio está 200 kilómetros al este.

Sin embargo, así como los venezolanos exponen estos argumentos, los guyaneses creen que el fallo de París es válido. También añaden que durante varias décadas Venezuela lo aceptó y respetó. Además señalan un tema extra. Hace algunos años Guyana descubrió enormes reservas de petróleo frente a su costa, lo que generó un repunte sin precedentes en su economía, que se triplicó en solo cuatro años. Esto coincidió con una presión más fuerte de los venezolanos en sus reclamaciones. Es decir, así como en un lado creen que se le dio importancia al Esequibo hace un siglo y medio por el oro, en el otro señalan algo similar pero con el petróleo.

Mientras tanto, así como Venezuela reclama este extenso territorio, Guyana también hace una observación sobre la situación actual. La isla de Anacoco se encuentra en el margen del río Cuyuní, que se reconoce internacionalmente como el límite entre ambas naciones. En Georgetown consideran que Caracas ocupa ilegalmente la isla desde que se instaló en 1966. En el otro lado sostienen que es territorio propio y que se encuentra fuera del área en litigio. Actualmente no hay población civil, sino un puesto militar venezolano.

Para Venezuela el Esequibo es relevante por distintas cuestiones. Hay un aspecto patriótico que parece exceder las diferencias políticas. Al mismo tiempo, el gobierno ha querido utilizar el tema en beneficio propio. En 2023 el régimen de Nicolás Maduro organizó un referéndum en el que se proponía la creación de un nuevo Estado, Guayana Esequiba, dentro de la República Bolivariana de Venezuela. Esto respondía a una estrategia nacionalista que tenía como fin aunar fuerzas internamente. Sin embargo, la consulta popular recibió cuestionamientos por sus niveles de participación y transparencia.

Tras la celebración del referéndum aumentó la presión venezolana sobre la frontera. Después de algunas semanas de incertidumbre la diplomacia logró aliviar las tensiones. Los mandatarios de ambos países se reunieron en San Vicente y las Granadinas y acordaron no amenazarse ni usar la fuerza para resolver el asunto. Al mismo tiempo, no hubo ni un atisbo de solucionar la cuestión de fondo, ya que las posiciones de ambos parecen irreconciliables en torno a la soberanía del Esequibo.

Venezuela, con 27 homicidios intencionales por cada 100 000 habitantes, y Guyana, con otros 20, alimentan una estadística indeseable, aunque no contrastan con el continente en el que se encuentran. A pesar de la tensión que se ha sentido a ambos lados de la frontera, por el momento tampoco parecen querer desentonar con la poca experiencia bélica sudamericana. •

HAY GRANDES RESERVAS DE PETRÓLEO EN DISPUTA: GUYANA TRIPLICÓ SU ECONOMÍA EN CUATRO AÑOS.

CROACIA
LIBERLAND
SERBIA
N
O
E
S

CAPÍTULO 24

LIBERLAND, LA EXTRAÑA UTOPÍA LIBERTARIA

Un rincón de Europa con una realidad única.

Cómo crear un país desde cero.

¿Un faro ideológico o una estafa?

La iniciativa de crear dos nuevas fronteras en los Balcanes puede ser calificada, en términos abstractos, como temeraria o imprudente. No obstante, si analizamos un caso concreto, el de Liberland, podremos sumar otros adjetivos, que van desde insólita hasta esperanzadora o falaz. Todo dependerá de nuestro grado de adhesión o credulidad a un relato sugestivo.

El 13 de abril de 2015 Vít Jedlička y un grupo de amigos se reunieron a orillas del río Danubio, entre Croacia y Serbia, y fundaron la República Libre de Liberland. La fecha no fue aleatoria: el 13 de abril de 1743 había nacido Thomas Jefferson, uno de los padres fundadores de Estados Unidos y reconocido defensor de las ideas de la libertad.

Jedlička, nacido en 1983, es un político de origen checo de tendencia libertaria que quería llevar a la práctica los conceptos de su ideología en un nuevo Estado. Estos principios consisten en que las funciones públicas deben ser mínimas: defensa, seguridad y justicia. En ningún caso se debe atentar contra la propiedad privada, y el resto de lo que suele ser tarea del Estado debe quedar para el sector privado. En esta línea, los libertarios consideran que el cobro de impuestos es un robo por parte del Estado que no debería existir. En algunos casos se contemplan excepciones, que permiten el funcionamiento de un cierto Estado mínimo. Existen distintas ramas dentro del ecosistema libertario, pero a grandes rasgos esos son los puntos comunes de una ideología que fue marginal en el siglo 20 y que en los últimos años ha ganado visibilidad.

La cuestión es que Jedlička tuvo una iniciativa distinta. Después de haber intentado algo similar a lo que pretenden la mayoría de los libertarios —dar la pelea en su propio país sin demasiado éxito— decidió inventar uno nuevo. Para crearlo se propuso encontrar algún territorio que no estuviera ocupado por ningún Estado. Es decir, una porción de tierra que ninguna nación soberana quisiera, lo que se considera en derecho internacional como *terra nullius*. Esta expresión latina significa "tierra de nadie" en castellano.

Pasaporte diplomático de Liberland, entre la realidad física y la ficción.

Se suele considerar que hay tres de estos lugares en el planeta. Uno es Bir Tawill, una porción de tierra fronteriza entre Sudán y Egipto que ninguno de los dos reivindica. Otra es la Tierra de Marie Byrd, la fracción de la Antártida que ninguna nación soberana reclamó como propia. El tercero, el que nos ocupa, es Gornja Siga. Es una parcela de 7 kilómetros cuadrados —el triple que Mónaco— ubicada en los Balcanes, junto al río Danubio, entre Croacia y Serbia. Para los croatas pertenece a Serbia. Y para los serbios es de Croacia.

Desde la disolución de la antigua Yugoslavia serbios y croatas no han logrado ponerse de acuerdo en todo el trazado de la frontera. Si bien Gornja Siga pertenecía a Serbia, tras la división entre ambos países quedó en el lado croata de la frontera. Sin embargo, si Croacia se quedaba con esta parte del territorio, aceptaba los límites que se habían trazado, que consideraba desventajosos. Por eso ni Serbia ni Croacia se hicieron cargo de lo que hoy podemos llamar Liberland, que quedó despoblado durante más de dos décadas.

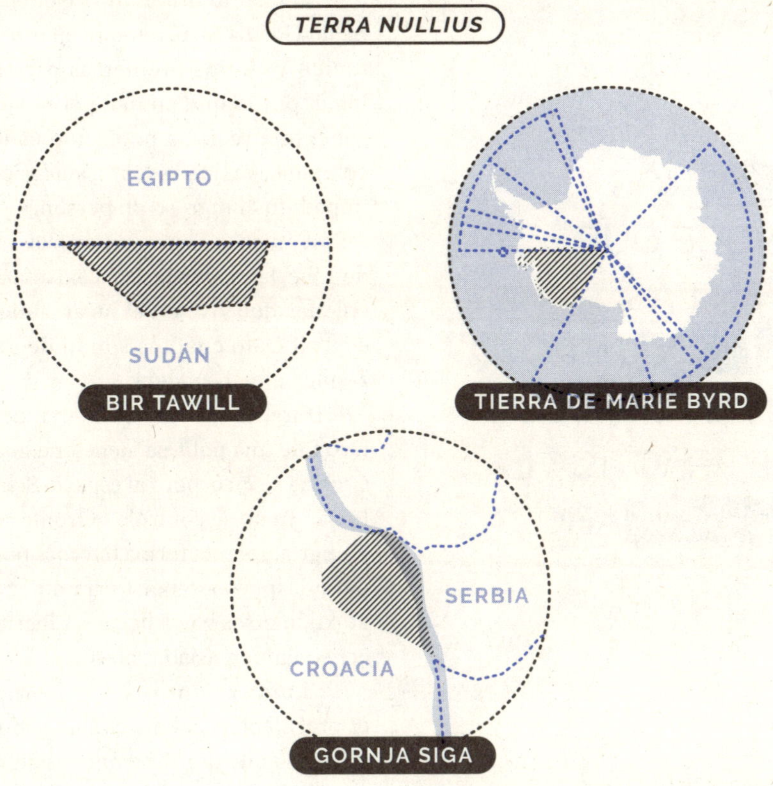

Para Jedlička esto significó una oportunidad y actuó. El día que Jefferson hubiera cumplido 272 años se instaló en esos 7 kilómetros cuadrados, creó Liberland como una utopía libertaria y se autoproclamó presidente.

A partir de la fundación empezó a recibir donaciones en la página web, a emitir pasaportes, a cobrar por la ciudadanía del lugar y a divulgar sus ideas por el mundo. El sueño de Liberland se asienta también sobre una marcada visión de la economía. Se promueve el uso de las criptomonedas y hasta el propio Jedlička confesó que quieren convertirse en un paraíso fiscal, sin cobrar impuestos, para que lleguen inversiones.

Pero así como para muchos libertarios del mundo esta historia ha resultado esperanzadora, otros le restan importancia a la posibilidad de que Liberland se convierta realmente en una nación soberana reconocida en todo el mundo. En este sentido Jedlička y sus seguidores trabajan para cumplir con los requisitos de la Convención de Montevideo, detallados en el capítulo dedicado a Somalilandia.

En cuanto al territorio, obviamente señalan Gornja Siga, aunque en estos años han tenido infinitos problemas para acceder al lugar, por lo que no han podido ejercer una soberanía real. La población es un aspecto complejo, ya que las autoridades croatas han impedido el ingreso de personas y han detenido a muchas. Según cuentan las autoridades de Liberland, desde 2023 existe un grupo de colonos que vive en el lugar, aunque no han especificado cuántos son ni de qué manera residen efectivamente.

Durante ese año los liberlandeses disfrutaron de una política ajena que los benefició. Croacia se incorporó al espacio Schengen, por lo que ya no se controla la frontera norte con Hungría. De esta forma hay más posibilidades para desplazarse por tierra o por agua unos 20 kilómetros hasta llegar a Liberland sin hacer sonar demasiadas alarmas.

El tercer punto es el gobierno: Jedlička es presidente y cuenta con un gabinete. Se ha criticado que durante muchos años han prometido elecciones libres pero esto no ha sucedido y se mantiene la dependencia del líder. De hecho, se ha acusado a este y otros espacios libertarios de no tener demasiado apego a los ideales democráticos. Sobre este y otros aspectos le consultamos al propio Jedlička, quien nos aseguró que cree "en las repúblicas, pero no en la forma en que se practica la democracia ahora. Por ejemplo, cuando alguien te representa en el mundo empresarial siempre puedes despedirlo si pierdes la confianza en él. Pero ¿puedes hacer esto con tu congresista o con un miembro del parlamento? Nunca, en ningún país. En cuanto a las elecciones, estamos trabajando duro para que se celebren este año [2024]. Para ello necesitamos dos cosas: que suficientes ciudadanos se unan a nuestro sistema *blockchain*, en el que se celebran las elecciones, y terminar la constitución".

El último punto de la Convención de Montevideo es la capacidad para establecer vínculos con otros Estados. Aquí se pueden señalar algunos casos llamativos. Uno se produjo en 2022: el municipio colombiano de Manizales anunció un acuerdo de cooperación con Liberland. El propio alcalde de la ciudad, Carlos Mario Marín, lo anunció en una grabación junto con un representante del experimento libertario. Al poco tiempo las autoridades municipales eliminaron el comunicado de redes sociales y trataron de aclarar el confuso episodio.

Otro caso data de 2021: Nayib Bukele, presidente de El Salvador, anunció la construcción de un hospital gracias a una donación de ciudadanos de Liberland. Para los liberlandeses esto significó un reconocimiento directo.

A estos contactos se suma otro muy particular: según las autoridades libertarias, firmaron un memorándum con Somalilandia para avanzar en el reconocimiento mutuo, algo que ambos territorios necesitan. De todas formas, Somalilandia ha demostrado tener una capacidad de ejercicio de soberanía muy superior a la de Liberland por el momento.

Además de organismos estatales, Liberland ha sido mencionado por muchos partidos libertarios de distintas partes del mundo y Jedlička ha viajado por todo el planeta para exponer sus ideas y proyectos. Sin embargo, ninguno de esos contactos ha sido tan relevante como lo que sucedió en Argentina. En este país —que sí cuenta con reconocimiento internacional— un libertario y promotor de Liberland logró convertirse en presidente.

"Soy el general Ancap. Vengo de Liberland, una tierra creada por el principio de apropiación originaria del hombre. Una tierra de 7 kilómetros cuadrados entre Croacia y Serbia. Un país donde no se pagan impuestos, donde se defienden las libertades individuales, donde se cree en el individuo y no hay lugar para colectivistas (...). Vamos por una sociedad libre, vamos por el orden espontáneo, vamos por los valores de la libertad." Esas fueron las palabras de Javier Milei en febrero de 2019, cuatro años antes de ser elegido presidente de su país. Lo hizo en un concurso de *cosplay* disfrazado de negro y amarillo como el general Ancap, acrónimo de anarcocapitalista. En la parte obviada del discurso insulta a "colectivistas y keynesianos".

Unos meses después de esa aparición de Milei, en el canal de YouTube de Un Mundo Inmenso lanzamos un episodio sobre Liberland. Elegimos no incluir ese segmento porque nos resultaba algo *trash*. No imaginábamos que ese economista mediático y libertario que se disfrazaba del general Ancap se convertiría en jefe de Estado de un país que es 390 000 veces más grande que Liberland.

No fue la única mención de Milei a Liberland, que habló del experimento en más de una entrevista. Al principio las autoridades liberlandesas no se hicieron demasiado eco del tema. Sin embargo, ante la posibilidad de que ganara las elecciones encontraron una oportunidad única. Enviaron correos electrónicos a sus seguidores en los que explicaban el apoyo de Milei y firmaron un acuerdo con

Jedlička, en pleno río Danubio, con la bandera de la micronación que dice presidir.

el Partido Libertario de Buenos Aires, uno de los que conforma la fuerza política de Milei. Incluso el propio Jedlička viajó a la capital argentina, se reunió con seguidores locales y hasta compartió un evento con Diana Mondino, que unas semanas después se convertiría en canciller.

En nuestro diálogo Jedlička reconoció que están "entusiasmados porque esta gran nación de América del Sur, que alguna vez fue uno de los países más prósperos del mundo, ha elegido la libertad". En esa línea agregó: "Esto nos ha ayudado de muchas maneras. La presencia de un defensor tan poderoso de la libertad en la escena internacional como Milei galvaniza a las fuerzas libertarias del mundo y muestra la libertad como una solución real para este siglo".

Sobre el futuro de su creación el checo aseguró que imagina que "Liberland cumplirá su propósito, alcanzará el inmenso potencial económico y humanitario de sus ideales fundacionales y se convertirá en el país más libre del mundo. Esta es la razón por la que se fundó Liberland: para ser un faro de libertad, la patria nacional para todos los amantes de la libertad".

El presidente añadió que tenían un mejor vínculo con las autoridades serbias, quienes respetaban el lema de "vive y deja vivir", mientras que con Croacia las cosas siempre habían sido más difíciles. Igualmente, tanto en Belgrado como en Zagreb han restado importancia a esta cuestión y han coincidido en que Gornja Siga no es ningún *terra nullius*, sino que se trata de una disputa fronteriza entre ambas partes sin posibles terceros involucrados.

¿Una iniciativa que genera esperanza para los defensores de la libertad o una estafa con la que algunos obtienen réditos económicos? ¿Prosperará Liberland y tendrá control efectivo sobre el territorio o se quedará en su etapa actual de vender pasaportes y ciudadanías que no tienen una utilidad real? Se puede elegir cualquiera de las opciones, aunque al mismo tiempo no es fácil no reconocer la valentía de querer inventar dos nuevas fronteras en la península balcánica. •

RUSIA
KALININGRADO
N
O
E
S

CAPÍTULO 25

KALININGRADO, DONDE RUSIA SE INFILTRA EN OCCIDENTE

Una anomalía geográfica en el Báltico.

Un punto estratégico rodeado por la OTAN y clave para Rusia.

La demencial extensión del país más grande del mundo.

A lo largo de los capítulos anteriores hemos conocido fronteras diversas en cuanto a la facilidad para percibir sus particularidades con un simple mapa. La historia del Kurdistán no saltará a la vista con uno político, lo mismo que algunos periclaves escondidos en las montañas; para observar algo extraño relativo al Vennbahn necesitaremos un plano detallado del área; en el caso de Haití y República Dominicana habrá que recurrir a una imagen satelital. Sin embargo, hay otros casos, como la Franja de Caprivi o Kaliningrado, el que nos ocupa ahora, que se imponen fácilmente. Con un planisferio cualquiera y un ojo atento podremos darnos cuenta de que hay algo extraño que merece una explicación.

Qué hace Rusia tan cerca del corazón de Europa sería la pregunta guía. O ¿por qué esta región, que tiene costa en el mar Báltico y fronteras terrestres con Lituania y Polonia, está desconectada del resto del territorio pero responde a Moscú?

Nos referimos al óblast de Kaliningrado, uno de los 83 (!) sujetos federales de Rusia. Los otros 82 son contiguos, pero este no. Se trata de un exclave separado del resto del país por dos fronteras internacionales que acentúa lo demencial de la extensión territorial de esta nación. Rusia limita, al mismo tiempo, con Noruega y con Corea del Norte; con Polonia y con Mongolia. Está a 910 kilómetros del polo norte y a 780 del océano Índico; a 85 kilómetros de Alaska —si contemplamos islas, a menos de 4— y a 1100 de Bruselas, capital de la Unión Europea. El 11 % de las tierras emergidas del planeta pertenecen a este país. Es decir, si elegimos al azar un metro cuadrado de tierra, tendremos una posibilidad entre nueve de que pertenezca a la Federación Rusa.

RUSIA LIMITA, AL MISMO TIEMPO, CON NORUEGA Y CON COREA DEL NORTE; CON POLONIA Y CON MONGOLIA.

MAR
BÁLTICO
LETONIA
ISTMO DE CURLANDIA
LITUANIA
KALININGRADO
CORDÓN DEL VÍSTULA
CORREDOR DE SUWALKI
POLONIA
BIELORRUSIA
968 200
15 100 KM²

A PARTIR DE LA DISOLUCIÓN DE LA UNIÓN SOVIÉTICA KALININGRADO PASÓ A SER UN EXCLAVE DE RUSIA.

Aunque está lejos de ser la entidad más determinante, Kaliningrado pone su aporte para esos números. Allí viven un millón de personas, y el 40 % lo hacen en la capital homónima. Tiene una superficie que es un poco más pequeña que la de El Salvador y que equivale a un tercio de la de Dinamarca.

La distancia entre Kaliningrado y el punto más cercano del resto de Rusia es menor de 400 kilómetros. Sin embargo, este país es tan extenso que hacia el extremo oriental hay 7500 kilómetros de distancia. Es decir, Kaliningrado y la península de Kamchatka están más lejos entre sí que Ciudad de México y Buenos Aires, o que Roma y Nueva York.

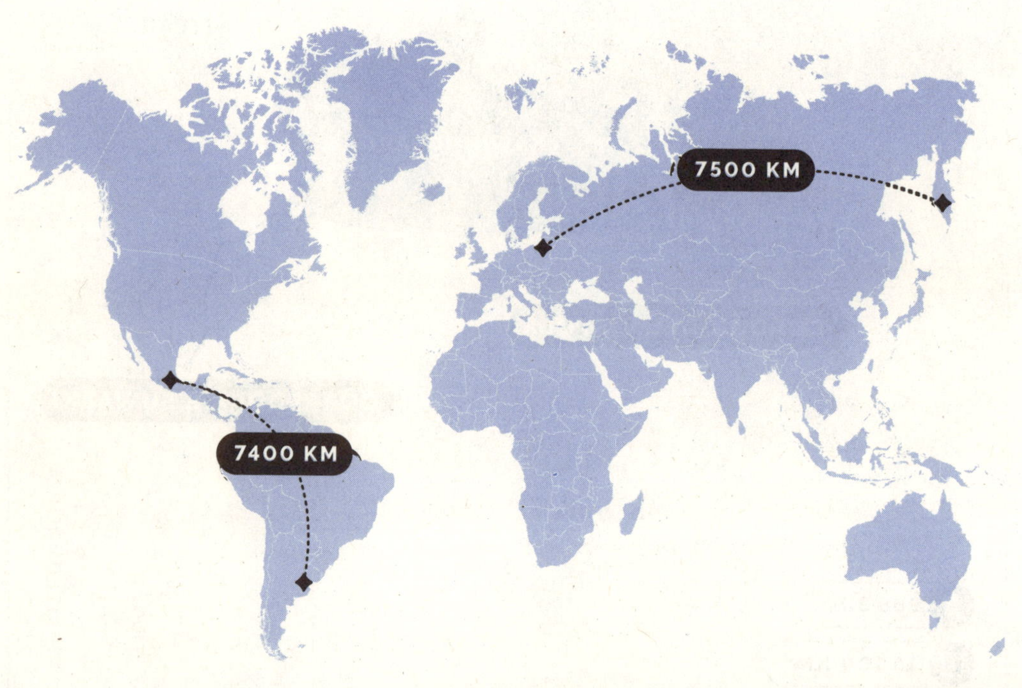

Kaliningrado no siempre fue parte de Rusia. Solo hay que retroceder hasta el siglo 20 para entender lo que pasó. Al finalizar la Segunda Guerra Mundial se establecieron las fronteras de Europa Oriental. La región de Prusia Oriental, que hasta entonces pertenecía a Alemania, se dividió en dos partes: una fue para Polonia y la otra para la Unión Soviética. Dentro de la parte soviética se estableció una subdivisión: una porción quedaría para la República de Lituania y otra para la de Rusia. Esa última fracción, que conformó la República Socialista Federativa Soviética de Rusia durante la época comunista, era justamente Kaliningrado. De esta forma pasó a depender de Moscú, a pesar de que no había contigüidad territorial en el ámbito subnacional. Sí en el nacional, ya que Lituania y Bielorrusia eran parte de la Unión Soviética.

Hasta ese momento la ciudad que da nombre a la región se conocía como Königsberg, lo que deja en evidencia su pasado alemán. La fundaron en el siglo 13 los Caballeros de la Orden Teutónica, una organización religiosa y militar de la Edad Media. La ciudad es conocida por ser la cuna del filósofo Immanuel Kant, uno de los máximos representantes de la Ilustración.

Kaliningrado, con historia y estética más europeas que el corazón de Rusia.

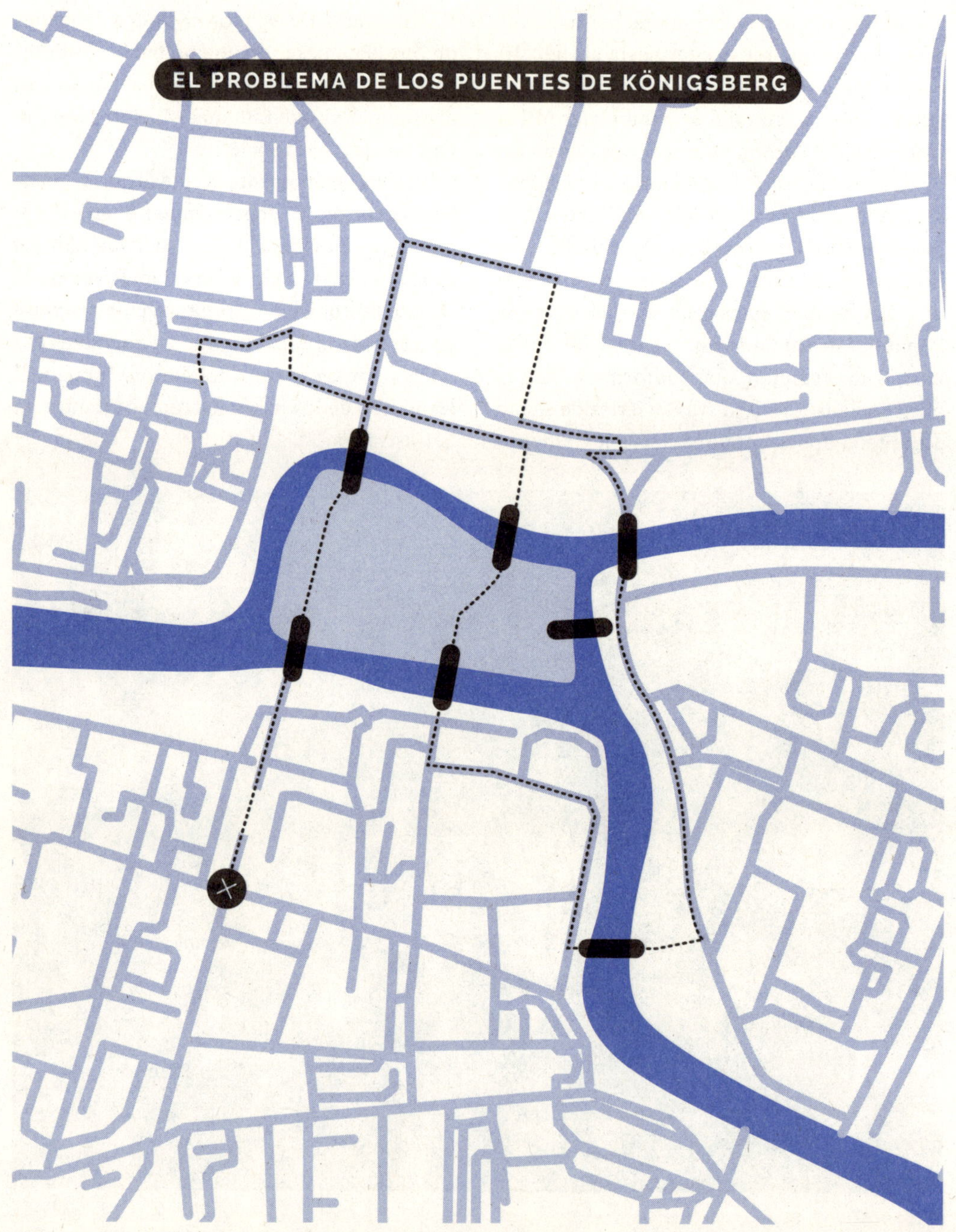
EL PROBLEMA DE LOS PUENTES DE KÖNIGSBERG

No obstante, no es lo único relevante que se puede destacar de esa ciudad en el plano histórico. El matemático suizo Leonhard Euler llegó en el siglo 18 y prestó atención a una cuestión propia del centro urbano. El río Pregolia atraviesa Kaliningrado de forma latitudinal, por lo que hay varios puentes que conectan los márgenes. En ese entonces eran siete y le sirvieron para inspirarse. Euler se preguntó si era posible establecer un recorrido para cruzar a pie toda la ciudad pasando solo una vez por cada puente y regresando al lugar de inicio. El suizo demostró que era imposible hacerlo. Sin embargo, el planteamiento fue muy útil para las matemáticas y ayudó al desarrollo de lo que se conoce como teoría de grafos.

De regreso a la actualidad, Kaliningrado no solo engrosa las estadísticas rusas, sino que además se encuentra en una región clave en el ámbito geopolítico. Durante la Guerra Fría estaba rodeado de otros territorios comunistas, por lo que no había mayores tensiones. Sin embargo, esto fue cambiando poco a poco después de la independencia de Lituania y del cambio de orientación en Polonia. Estos dos países limítrofes ingresaron en la OTAN y en la Unión Europea en 2004. De esta forma, Kaliningrado se convirtió en una especie de gran base militar rusa rodeada de tropas que responden a la alianza del Atlántico Norte. Por eso, por ejemplo, en el lado lituano aumentaron las barreras fronterizas. Además, se endurecieron los controles migratorios, lo que complica la circulación de personas.

Mientras tanto, Estados Unidos reforzó su presencia militar en Polonia, gracias a los acuerdos entre ambos países. En este punto nos podemos dar cuenta de que Estados Unidos y Polonia están separados por solo un país, Rusia. Los polacos tienen frontera con los rusos en Kaliningrado, mientras que Estados Unidos y Rusia comparten frontera marítima y están separados por menos de 4 kilómetros en el estrecho de Bering.

La tensión en esta zona de Europa se intensificó después de que Rusia se anexionara la península de Crimea en 2014, y aún más con la invasión que comenzó a principios de 2022 en el este de Ucrania. De esta forma, el gobierno de Vladimir Putin logró controlar un puerto en el mar Negro que tiene una similitud con el de Kaliningrado: es cálido.

Geográficamente Kaliningrado se ubica en una zona del Báltico que no se congela en invierno, a diferencia de lo que sucede en San Petersburgo o en casi todos los demás puertos rusos. Allí radica una de las claves geoestratégicas de la ciudad y por eso es sede de una importante flota. A pesar de su inmensidad geográfica, históricamente Rusia ha tenido problemas para acceder a puertos de aguas cálidas, lo que pudo conservar gracias a Kaliningrado. Igualmente, para salir a alta mar los barcos deben cruzar por aguas controladas por la OTAN.

Hay otra cuestión clave en el ámbito territorial en relación con este óblast. Si bien se encuentra a 400 kilómetros de Rusia, está a menos de 100 de Bielorrusia, país aliado de Moscú. Exactamente son 96, y se corresponden con la frontera de Polonia y Lituania. Ese límite se conoce como el corredor de Suwalki y es una zona muy sensible para la OTAN. Hoy asegura la contigüidad de los países bálticos con el centro de Europa. Sin embargo, si Ru-

POR SI HACÍA FALTA OTRO CONDIMENTO GEOPOLÍTICO, FUE ESCENARIO DE LA RESONANTE PROTESTA DE XHAKA Y SHAQIRI EN EL MUNDIAL DE 2018.

sia atacara esa zona, plana y de difícil defensa, desconectaría a Lituania, Letonia y Estonia de sus aliados. Al mismo tiempo, conectaría Kaliningrado con Bielorrusia y lograría un enlace directo con Moscú.

Como si fueran pocos condimentos geopolíticos, la suerte quiso que Kaliningrado fuera escenario de uno más. En 2018 el estadio Arena Baltika fue una de las sedes de la Copa Mundial de fútbol. El sorteo determinó que Suiza y Serbia jugarían uno de los partidos de la fase de grupos. Era difícil prever lo que sucedería: los serbios se pusieron por delante, pero los suizos remontaron el partido y lo ganaron 2-1 gracias a un gol agónico cercano al final del partido. Los autores de los goles de Suiza fueron Granit Xhaka y Xherdan Shaqiri, ambos de ascendencia albanokosovar. Sus familias dejaron los Balcanes y se refugiaron en Suiza en plena guerra de lo que en ese entonces era Yugoslavia. Escapaban, justamente, de la persecución serbia sobre los albanokosovares. Tanto Xhaka como Shaqiri celebraron sus goles con un gesto en el que formaban un águila con las manos, en referencia al símbolo de la bandera albanesa. Un gesto político no muy frecuente en el mundo del fútbol que repercutió más allá del ámbito deportivo.

A pesar de su relevancia geopolítica, Kaliningrado no ha logrado el despegue económico que se esperaba. El gobierno de Moscú planeaba convertirla en la Hong Kong rusa —obtuvo ese apodo— y que fuera una gran exportadora, pero no pudo consolidar su crecimiento. De hecho, en la época soviética había mayor actividad económica, gracias a la enorme cantidad de militares que estaban asentados en la región. Desde la disolución de la

La catedral de Königsberg también delata el pasado prusiano de Kaliningrado.

Unión Soviética ese número se fue reduciendo poco a poco.

Mientras tanto, la población ha sido testigo de cómo los países vecinos que han ingresado en la Unión Europea han ido mejorando su poder adquisitivo. Además, existe una mayor conexión cultural. Ciudades como Berlín, Praga o Viena se encuentran más cerca de Kaliningrado que Moscú. Para preservar la identidad, igualmente, Rusia subvenciona los trayectos de esta región hacia el resto del territorio para que sean más accesibles.

Quienes visiten este territorio podrán ser testigos de dos formaciones geográficas llamativas: el Cordón del Vístula y el istmo de Curlandia. Ambas conectan Kaliningrado con ciudades de Polonia y Lituania, respectivamente, y generan la formación de lagunas. El istmo de Curlandia, por ejemplo, tiene nada menos que 98 kilómetros de largo, pero es muy estrecho: su anchura varía entre los 400 y los 3800 metros. En esa región se pueden ver las dunas de arena móviles más altas de Europa. Hay varias ciudades pequeñas en todo el trayecto y a mitad de camino se encuentra el paso fronterizo con Lituania.

Lo que también podrán apreciar quienes visiten Kaliningrado será el ámbar. Se trata de una piedra semipreciosa de origen vegetal. De esta región ha surgido más del 80 % del ámbar conocido en el mundo.

Kaliningrado es un lugar clave para la geopolítica rusa, con raíces alemanas y cierta conexión con el centro de Europa. Una región con dos fronteras calientes que llama la atención en cualquier mapa político. •

N
O
E
S

CAPÍTULO 26

LOS MÁS FASCINANTES (E INÚTILES) DATOS FRONTERIZOS

La más alta, la más deprimida, la más extensa y la más estrecha.

Una isla, tres naciones.

De entornos naturales únicos a extensas líneas rectas.

Durante los 25 capítulos precedentes hemos explorado historias que nos resultan atractivas por motivos diversos. De las implicaciones legales de la Zona de la Muerte de Yellowstone a la lucha del pueblo kurdo; de la rareza de una ciclovía como el Vennbahn a la invención de un nuevo "país" como Liberland.

El hilo conector entre todas estas historias es evidente: las fronteras, ya sean nacionales, subnacionales, disputadas, desiguales o recientes. Pero hay algo que nos atrae especialmente, y los seguidores de Un Mundo Inmenso en YouTube lo saben bien: los récords. Por eso destinamos este capítulo, a modo de cierre del libro, a detallar todas esas marcas únicas relativas a las fronteras que nos resultan fascinantes. En el fondo, todos los datos inútiles y fronterizos que apreciamos.

Se calcula que en toda la Tierra hay más de 250 000 kilómetros de fronteras internacionales. Esto es más de seis veces la circunferencia del planeta. El país que tiene más kilómetros de fronteras es China. En total son más de 22 000 kilómetros con otros 14 Estados independientes: Afganistán, Bután, Corea del Norte, India, Kazajistán, Kirguistán, Laos, Mongolia, Myanmar, Nepal, Pakistán, Rusia, Tayikistán y Vietnam. También con 14 países limita Rusia, aunque en total tiene 20 000 kilómetros de frontera.

> CHINA SUPERA A RUSIA Y ES EL PAÍS CON MÁS KILÓMETROS DE FRONTERAS DEL PLANETA.

EL PAÍS CON MÁS KILÓMETROS DE FRONTERA
22000 KM
RUSIA
KAZAJISTÁN
MONGOLIA
KIRGUISTÁN
TAYIKISTÁN
CHINA
AFGANISTÁN
PAKISTÁN
INDIA
NEPAL
BUTÁN
MYANMAR
VIETNAM
LAOS
COREA DEL NORTE

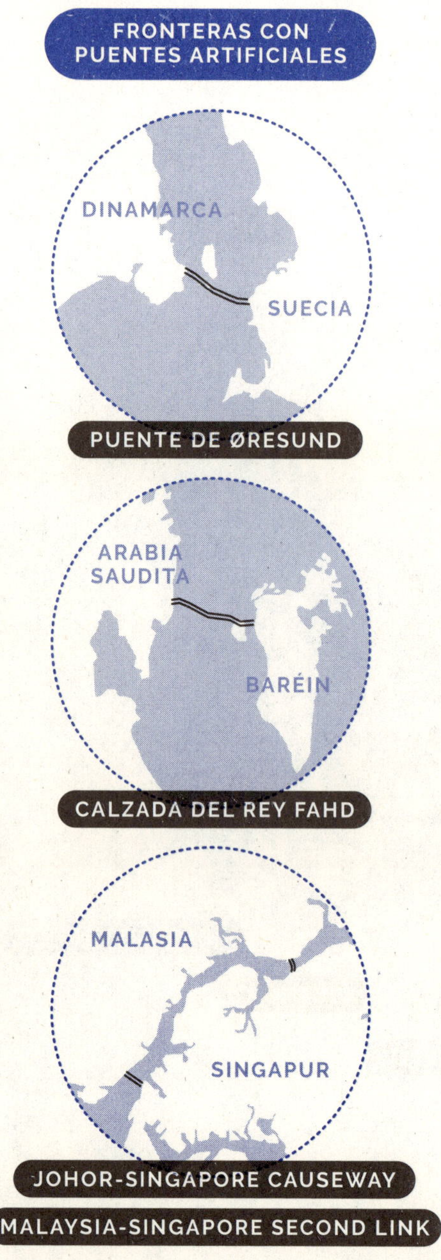

Brasil también es multifronterizo: cuenta con límites con otros diez países; todos los de América del Sur excepto Chile y Ecuador. La sección en la que linda con Guayana Francesa es en rigor un límite con Francia, ya que es un territorio de ese país. Para Brasil se trata de la segunda frontera más corta de las diez que tiene: solo supera a la de Surinam. Para Francia, en cambio, es la más extensa de las once que posee. Es decir, el país con el que más frontera comparte Francia no es España, Italia, Suiza, Bélgica ni Alemania, sino Brasil, a varios miles de kilómetros de París.

En el extremo contrario, el país más extenso que no tiene fronteras es Australia. El sexto país más grande del mundo tiene cierto espíritu insular y ni un metro de límite internacional.

Existen varios que tienen solamente una frontera. Exactamente son 14: Brunéi, Catar, Corea del Sur, República Dominicana, Gambia, Haití, Irlanda, Lesoto, Mónaco, Papúa Nueva Guinea, Portugal, San Marino, Timor Oriental y Ciudad del Vaticano. Como detallamos en el capítulo destinado a la isla Hans, si hubiéramos escrito este libro antes de 2022 habría que incluir otros dos países: Canadá y Dinamarca. Sin embargo, ahora limitan entre sí, además de hacerlo con Estados Unidos y Alemania, respectivamente.

El caso de Dinamarca era discutible antes de 2022. Desde el año 2000 es posible llegar por tierra a otro país, Suecia. Gracias al puente de Øresund, Copenhague y Malmö están unidas. Es una suerte de frontera especialmente artificial, ya que fue creada por la acción humana.

Hay otros dos casos similares de fronteras que solo constan de puentes artificiales en Asia.

Baréin, que es una isla, está unida al continente desde hace treinta años gracias a la Calzada del Rey Fahd, una serie de puentes que la conectan con Arabia Saudita. Ocurre lo mismo con Singapur. Es un país formado por 63 islas y ligado al continente gracias a dos puentes que hacen posible ir por tierra a Malasia.

Un caso más enrevesado es el del Eurotúnel, que va desde el Reino Unido hasta Francia. Se inauguró en 1994 y está debajo del agua. En ese entonces Gran Bretaña, de alguna manera, dejó de ser una isla como había sido históricamente.

Si hablamos de récords no podemos no hablar de altura. El monte Everest no solo es el más alto del mundo, sino que, además, es el límite internacional más elevado: una de sus laderas es nepalí y la otra, china. Sin embargo, ese lugar solo es apto para alpinistas expertos, no es un típico cruce fronterizo. El paso internacional más alto del mundo en el que hay una carretera pavimentada es el de Khunjerab. Está ubicado en la cordillera del Karakórum y conecta Pakistán con China. No es posible cruzar en invierno: la nieve y las heladas hacen que durante varios meses el paso esté clausurado.

De las fronteras más altas podemos pasar a las más bajas. La que tiene el récord se encuentra en Oriente Medio: el valle del Jordán es el punto más deprimido del planeta, cerca de la triple frontera entre Israel, Jordania y Palestina.

En cuanto a la extensión, la frontera más larga es la que separa a Canadá de Estados Unidos. Casi un 30 % del total transcurre en sentido longitudinal y es la que divide al estado de Alaska del territorio de Yukón y de la provincia de Columbia Británica.

La segunda más larga es la que separa a Kazajistán de Rusia. Tiene, además, el récord de ser el tramo continuo más largo. Hasta la disolución de la Unión Soviética no se trataba de un límite internacional, por lo que tres décadas atrás la divisoria entre Chile y Argentina era la segunda más extensa del planeta. No obstante, como hemos visto, es imposible determinar el dato exacto debido a que hay una sección pendiente de delimitación.

Ya hemos conocido el segmento más corto que separa dos países: el peñón Vélez de la Gomera. En el norte de África, solo 85 metros separan a España de Marruecos en ese tramo.

EL PASO INTERNACIONAL MÁS ALTO DEL MUNDO EN EL QUE HAY UNA CARRETERA PAVIMENTADA ES EL DE KHUNJERAB: CONECTA PAKISTÁN CON CHINA.

FRONTERA MÁS ALTA
CHINA
8849 M
NEPAL
MONTE EVEREST

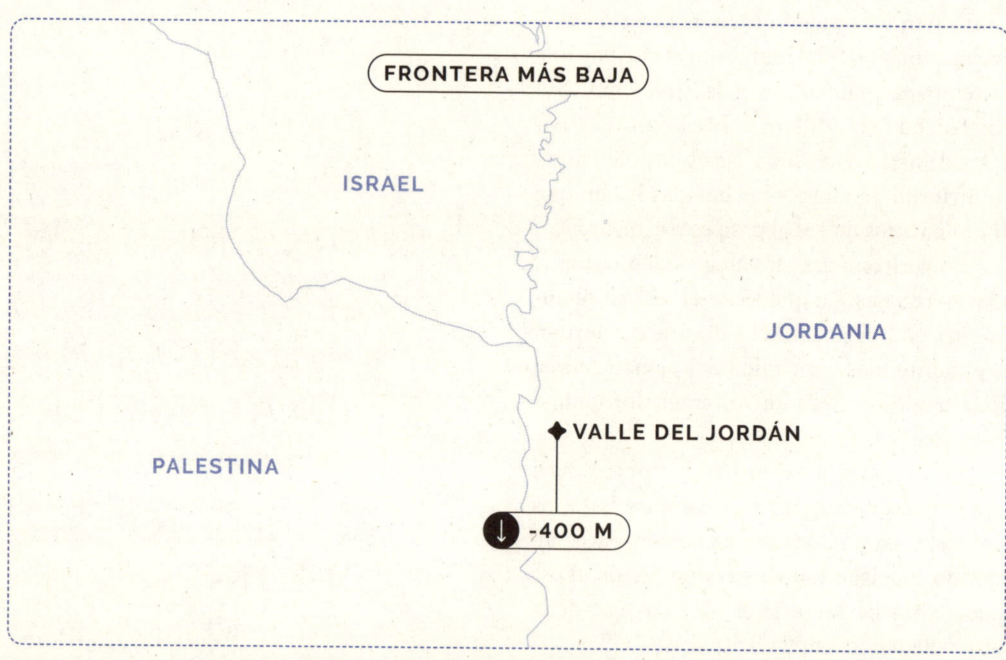
FRONTERA MÁS BAJA
ISRAEL
JORDANIA
VALLE DEL JORDÁN
PALESTINA
-400 M

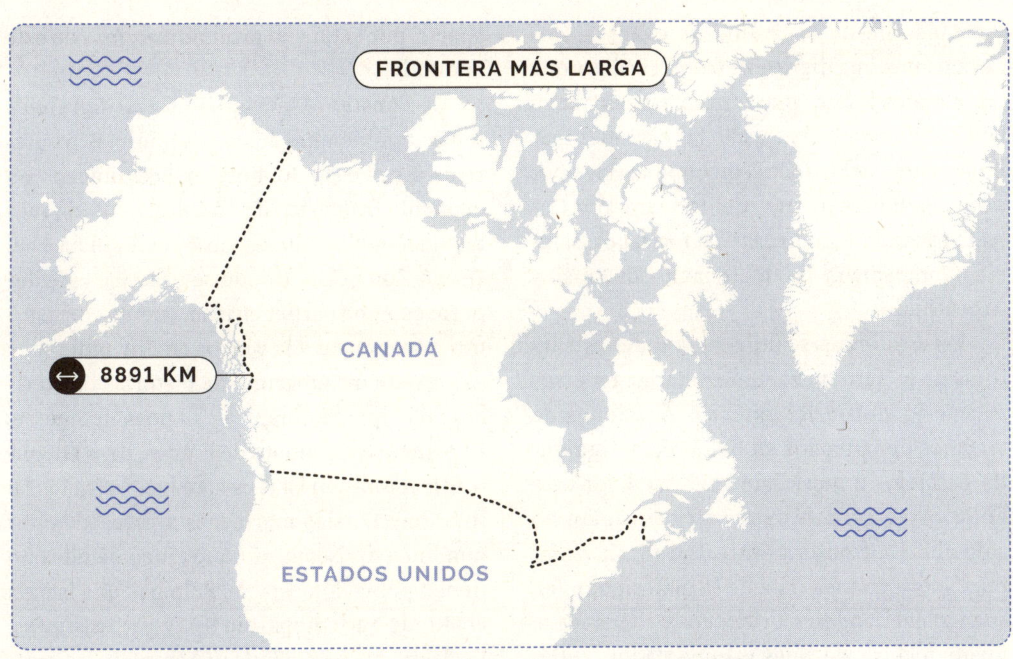
FRONTERA MÁS LARGA
8891 KM
CANADÁ
ESTADOS UNIDOS

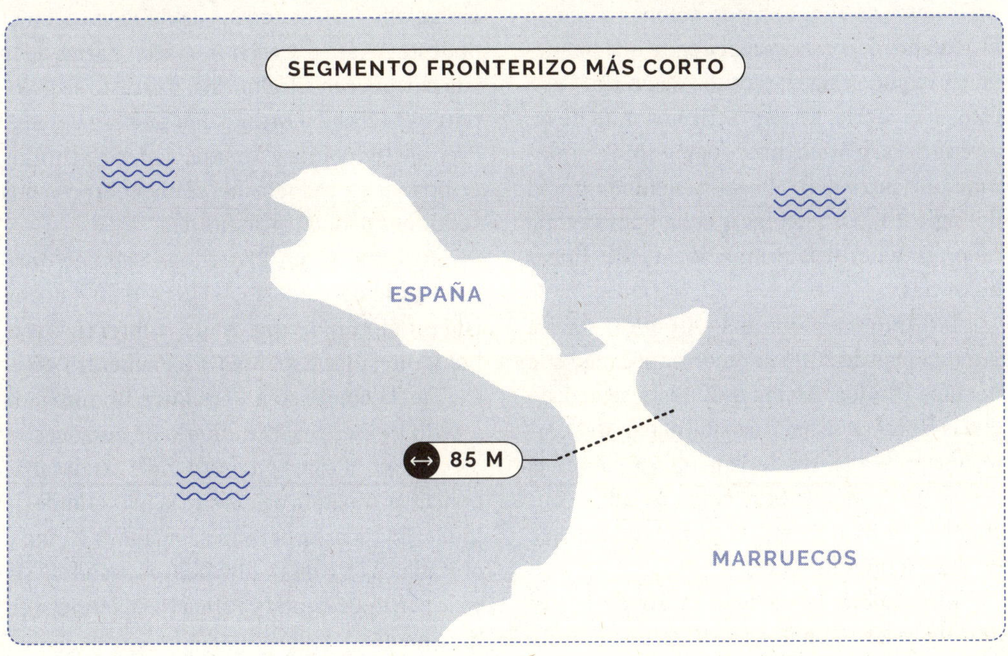
SEGMENTO FRONTERIZO MÁS CORTO
ESPAÑA
85 M
MARRUECOS

Más allá de los números exactos, nos permitimos una digresión fronteriza, porque hay algunos límites que son especiales por su belleza. Por ejemplo, tres de las cascadas más imponentes del planeta son compartidas por dos países: las cataratas del Niágara, por Canadá y Estados Unidos; las Victoria, por Zambia y Zimbabue; y las del Iguazú, por Brasil y Argentina.

En estos casos se utilizan grandes estructuras de la naturaleza. Sin embargo, en otros sucede lo contrario: extensas porciones de terrenos demarcados en línea recta, siguiendo paralelos o meridianos. Es fácil ver este fenómeno en el continente africano, pero no solo allí. La frontera entre Indonesia y Papúa Nueva Guinea data de la época colonial, cuando neerlandeses, británicos y alemanes se dividían la isla de Nueva Guinea. El meridiano 141 este es el que divide ambos países en la actualidad, con la excepción de una pequeña porción que sigue el cauce de un río. Todo esto en la teoría. En la práctica se trata de un territorio selvático, prácticamente inexplorado por extranjeros hasta la segunda mitad del siglo 20. Los pueblos que habitan la zona no prestan demasiada atención a estas líneas divisorias.

En América el paralelo 49 norte separa durante más de 2000 kilómetros a Canadá de Estados Unidos. En la costa oeste se acordó que la frontera virara para que el país del norte conservara la isla de Vancouver, ya que la poseía desde antes. Muy cerca de allí se encuentra Point Roberts, el periclave del que también hemos hablado.

El paralelo 38 norte, que divide la península coreana en dos, mereció un capítulo aparte, por lo que no profundizaremos en este apartado.

No obstante, más allá de estos grandes temas también hay historias mínimas fronterizas. Es el caso del hotel Arbez, ubicado en el pueblo fronterizo de La Cure: tiene algunas habitaciones en Suiza y otras, en Francia. O el Green Zone Golf, donde se practica este deporte con una particularidad: cuenta con algunos hoyos en Suecia y otros en Finlandia.

Existe un subgrupo de historias fronterizas en el que también vale la pena detenerse. El planeta está repleto de límites, pero encontrar fronteras en islas es algo más extraño. En total hay 17 islas marítimas atravesadas por una línea divisoria, aunque cinco de ellas no tienen población estable. Solo hay una isla en el mundo que comparten tres países distintos. Es decir, que hay más de una frontera internacional allí. Se trata de la isla de Borneo, en el Sudeste Asiático. Casi tres cuartas partes de la isla pertenecen a Indonesia, y el resto se lo reparten Malasia y Brunéi. Sin embargo, mientras que Indonesia y Malasia tienen territorios en otras islas, todo Brunéi se encuentra en dos secciones pequeñas de Borneo.

En total viven 21 millones de personas en esa isla del Sudeste Asiático. Solo hay una isla en el mundo que tiene fronteras y más habitantes: La Española. Se encuentra en el Caribe, la comparten República Dominicana y Haití y alberga a 22 millones de personas.

Si bien Borneo y La Española son las más pobladas, ninguna de ellas es la más grande de todas. Esa marca pertenece a Nueva Guinea, ubicada en Oceanía y dividida entre Indonesia en la parte occidental y Papúa Nueva Guinea en la oriental.

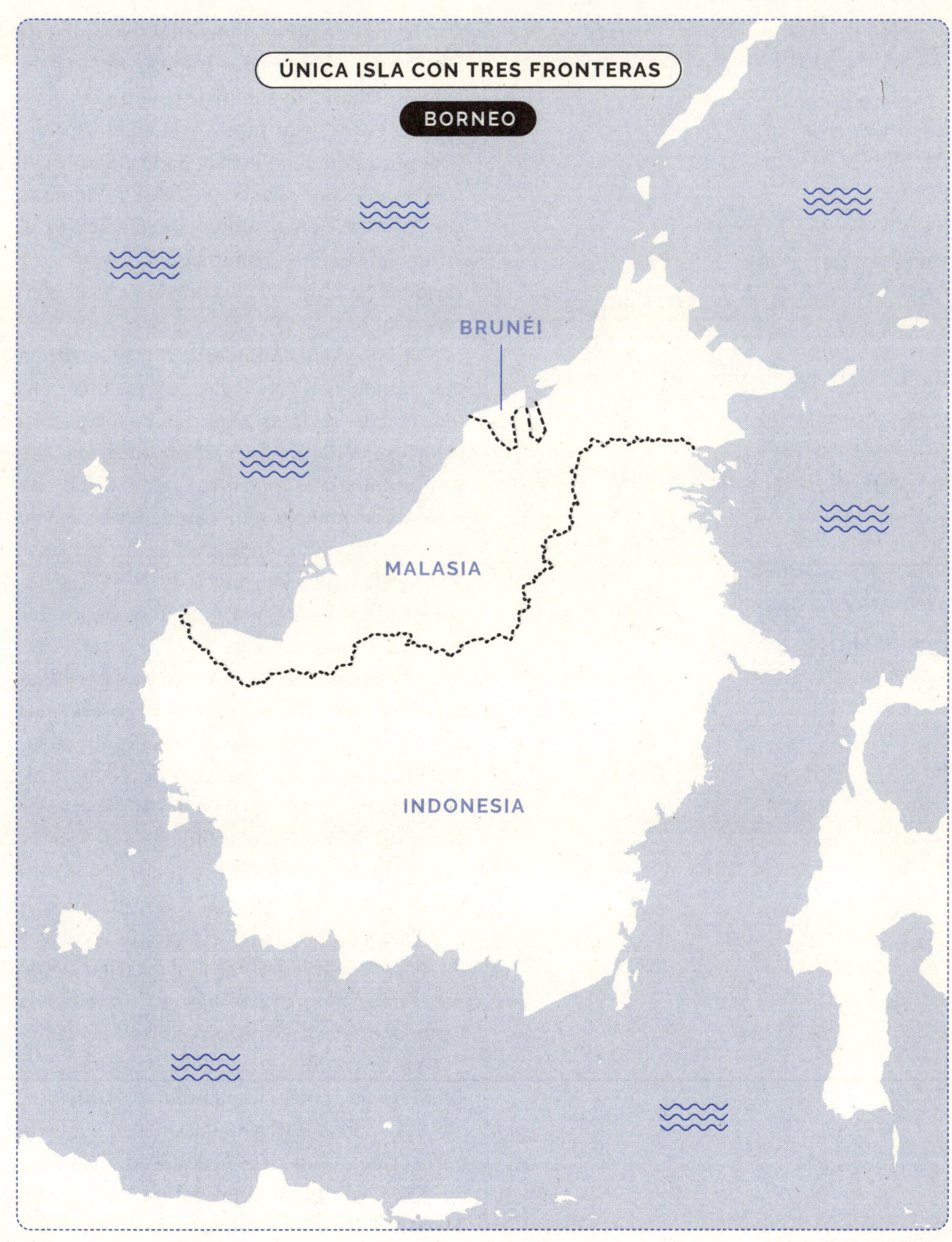
ÚNICA ISLA CON TRES FRONTERAS
BORNEO
BRUNÉI
MALASIA
INDONESIA

HAY 17 ISLAS MARÍTIMAS ATRAVESADAS POR UNA LÍNEA DIVISORIA, AUNQUE CINCO DE ELLAS NO TIENEN POBLACIÓN ESTABLE.

Indonesia tiene el récord de cantidad de islas compartidas, ya que cuenta con dos más. Una es Sebatik, que comparte con Malasia y se encuentra justo frente a la costa de Borneo, pero es mucho más pequeña. La otra es la isla de Timor, que comparte, obviamente, con Timor Oriental. Otra pequeña digresión: etimológicamente Timor significa 'este', por lo que el nombre del país puede parecer algo redundante.

Si nos vamos a Europa, la isla marítima más grande y más poblada que tiene una frontera es Irlanda. Hasta hace poco más de un siglo no existía la demarcación internacional, ya que toda la isla formaba parte del Reino Unido. Sin embargo, con la independencia de la actual República de Irlanda existe una frontera que la separa de Irlanda del Norte, nación constitutiva del Reino Unido al igual que Inglaterra, Escocia y Gales.

Otra que está en Europa, aunque en el mar Mediterráneo, es Chipre. Allí observamos la frontera de la República de Chipre con las dos bases militares soberanas del Reino Unido llamadas Akrotiri y Dekelia. Si tomáramos como válida la reivindicación de la República Turca del Norte de Chipre tendríamos otra isla en la que conviven tres países distintos.

Para completar las cinco más extensas de todas tenemos que viajar al extremo sur de América: Chile y Argentina comparten la Isla Grande de Tierra del Fuego. Si bien los chilenos poseen el 61% del territorio de la isla, no cuentan con grandes asentamientos. De hecho, el 96% de los 200 000 habitantes viven en la parte oriental, que pertenece a Argentina.

Otra isla binacional americana es San Martín. Está en América, pero pertenece a

Las cataratas del Iguazú no solo ofrecen un paisaje natural único, sino que también son la frontera entre Argentina y Brasil.

dos países que son, en gran parte, europeos. La zona norte es de Francia y la sur, de Países Bajos. El otro caso en este continente también incluye a un europeo y ya se ha mencionado: la isla Hans, frente a Groenlandia.

Quedan otras dos islas marítimas pobladas. Una es Usedom, dividida entre Alemania y Polonia, ubicada en el mar Báltico y hogar de 76 000 personas. La última, tal vez la más llamativa de todas, es la isla Pasaporte. Unos párrafos más arriba hemos conocido la conexión de Baréin con el continente: la carretera del Rey Fahd. En medio de esos 26 kilómetros que la unen a Arabia Saudita se encuentra Pasaporte, una isla artificial en la que las autoridades de ambos países se encargan de los trámites aduaneros correspondientes para quienes cruzan por tierra.

El resto de las islas marítimas con fronteras pendientes de mencionar están despobladas. En orden de tamaño serían Kataja, que es sueca y finlandesa; la isla K, que es rumana y ucraniana; Koiluoto y Vanhasaari, que son rusas y finlandesas; y, por último, Märket, sueca y finlandesa, que merece un párrafo aparte.

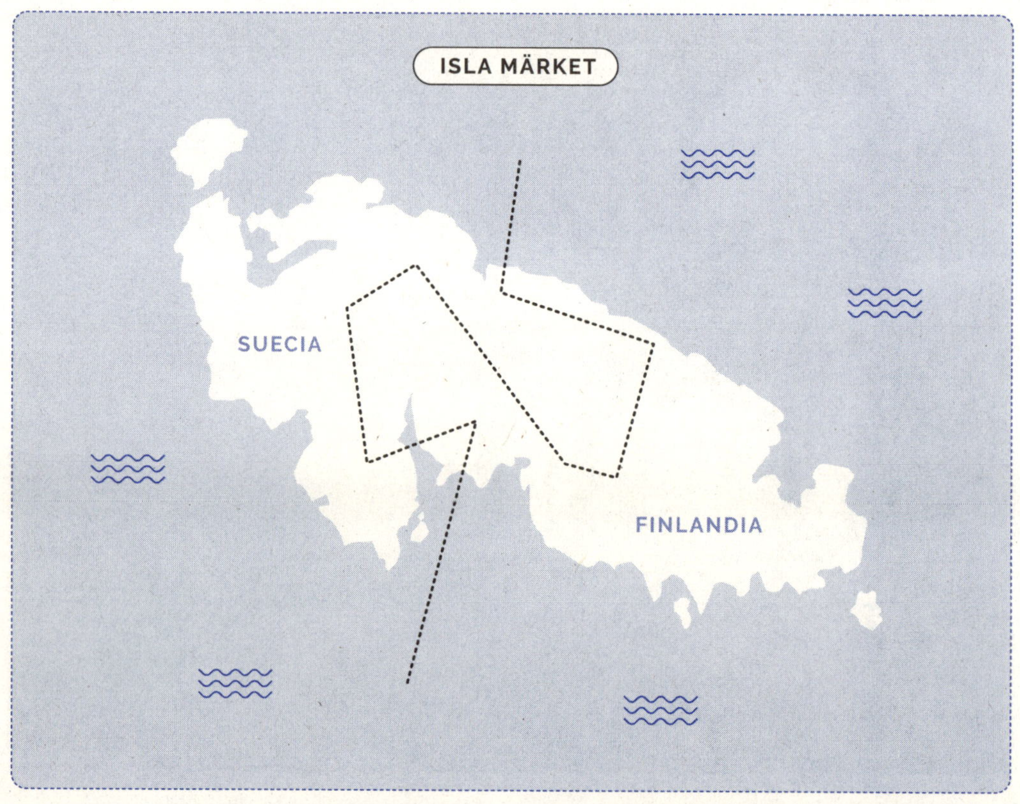

Tiene un perímetro de solo 1 kilómetro y la delimitación tiene un extraño recorrido, algo así como una letra ese formada por líneas rectas. En Märket se construyó un faro finlandés a finales del siglo 19 que ya está automatizado. Cuando se trazaron las fronteras, en 1985, las autoridades descubrieron que el límite pasaba por el medio de la isla, pero que el faro quedaba en el lado sueco. Como querían respetar la soberanía de esa construcción y a la vez conservar la proporción de territorio de ambos Estados, acordaron el linde actual.

De todas formas, hay muchas más islas con fronteras, ya que no todas están en el mar. También hay algunas en ríos o lagos. Entre las más destacadas encontramos Martín García, una isla ubicada en medio del Río de la Plata. Históricamente pertenecía a Argentina, a pesar de que se encontraba en medio de aguas uruguayas. Después de que se acordaran los límites entre las dos naciones la naturaleza jugó su partido: en la década de 1980 los sedimentos generaron que se uniera a la isla Timoteo Domínguez, que es uruguaya. De esta forma se creó la única frontera terrestre entre Argentina y Uruguay.

Un caso particular es el de la isla Corocoro, en el norte de Sudamérica. Pertenece a

Entre Arabia Saudita y Baréin se encuentra la artificial y llamativa isla Pasaporte.

Venezuela y Guyana, pero es parte del Esequibo. Podría considerarse de mar, ya que da a la costa del Atlántico, pero está en el delta del río Barima. No tiene población ni asentamientos, y la parte de Venezuela es una reserva natural.

Para ilustrar un caso de isla lacustre hemos reservado algo que no parece tener ningún sentido. En el lago Goldajärvi se encuentra el punto exacto en el que se unen Noruega, Suecia y Finlandia. En vez de que el trifinio se encuentre en el agua, decidieron construir un montículo conocido como Treriksröset. Tiene unos 4 metros de diámetro y podemos considerarlo una isla artificial. Así que en ese caso sería una isla lacustre compartida por tres países. Podría ser la dueña de un récord mundial: la isla más pequeña del mundo que tiene una frontera internacional.

La cuestión parece inagotable y podríamos seguir encontrando límites extraños en islas, montañas, desiertos, cataratas y glaciares. La Paz de Westfalia, una serie de tratados firmados en 1648 por potencias europeas, dio lugar a lo que hoy conocemos como Estados nación. En cierto modo allí se concibieron las fronteras tal como hoy las conocemos, aunque algunas de ellas nos resulten tan fascinantes como inexplicables. ●

La narración de las historias desarrolladas en las páginas anteriores no hubiera sido posible sin las fuentes a las que hemos recurrido, sin varias obras que nos inspiraron y sin el apoyo de muchas personas que nos han acompañado para construir este libro y el canal de YouTube.

Si hablamos de líneas divisorias, geografía recreativa y divulgación en castellano, no podemos dejar de mencionar y agradecer al blog Fronteras (fronterasblog.com), de Diego González, que desde 2008 explora las anomalías limítrofes y que se ha convertido en un sitio de referencia para los curiosos y amantes de los datos más inverosímiles que ofrece el planeta.

Para quienes deseen indagar en más historias con contenido fronterizo y geopolítico, recomendamos *La venganza de la geografía*, de Robert Kaplan; *Prisioneros de la geografía*, de Tim Marshall; y *Atlas of improbable place*s, de Travis Elborough y Alan Horsfield.

Nos hemos apoyado en varios recursos y fuentes para establecer comparaciones y explorar cada rincón del planeta. Obviamente, Google Maps y Google Earth son sitios en los que podemos pasar horas (y lo hacemos). Hemos conocido varias de las historias mencionadas, o hemos podido profundizar en ellas, gracias a distintos medios como *Business Insider*, *The New York Times*, *Atlas Obscura*, *Amusing Planet*, *Vox* y BBC Mundo.

Agradecemos a los protagonistas que, aunque no hayan tenido esa intención, han dado lugar a las historias que narramos. Por ejemplo, a las autoridades danesas y canadienses que decidieron inventar una frontera en 2022; a Vít Jedlička, que tuvo la idea de crear un nuevo país; a Brian Kalt, por darse cuenta de que un crimen podía quedar impune en Yellowstone.

Gracias a todos nuestros seguidores en YouTube, porque sin ellos no hubiera sido posible este libro. En especial a quienes nos dedicaron memes personalizados; son combustible para seguir adelante.

También damos las gracias a los editores de Planeta por volver a confiar en nosotros. A los representantes de YouTube, por acompañarnos y brindarnos oportunidades. A Carla Grossolano, por hacerse cargo de la parte más tediosa del trabajo. A Luis Llorens, Gabriel Llorens Rocha y Victoria Wolcoff, por apoyarnos desde el principio. A Delfina Krüsemann, por volver a aportar una mirada fresca y enriquecer el texto. ●

DIEGO BRIANO

(Buenos Aires, 1988) es realizador audiovisual. Estudió en la Universidad de Buenos Aires y con el tiempo se especializó en la dirección, fotografía y edición de contenidos documentales.

ANTONELLA GROSSOLANO

(Buenos Aires, 1993) es diseñadora gráfica. Se licenció en Diseño y Comunicación Visual en la Universidad Nacional de Lanús. Después de varios años trabajando en diseño digital se especializó en desarrollo de identidades visuales y en diseño de información.

FRANCISCO LLORENS

(Buenos Aires, 1987) es periodista y politólogo. Es licenciado por la Universidad Católica Argentina y máster por la Universidad Nacional de Tres de Febrero. Como periodista se ha especializado en política nacional y ha trabajado en medios gráficos y radiofónicos.